FORSCHUNGSBERICHTE DES LANDES NORDRHEIN-WESTFALEN

Nr. 1640

Herausgegeben

im Auftrage des Ministerpräsidenten Dr. Franz Meyers

von Staatssekretär Professor Dr. h. c. Dr. E. h. Leo Brandt

DK 539.183.2:539.128.412

Gisela Kauw

Institut für Strahlen- und Kernphysik der Universität Bonn
Direktor: Prof. Dr. Wolfgang Riezler †

Untersuchungen an angereicherten Isotopen auf natürliche Alphastrahlung

WESTDEUTSCHER VERLAG · KÖLN UND OPLADEN 1966

ISBN 978-3-663-06490-9 ISBN 978-3-663-07403-8 (eBook)
DOI 10.1007/978-3-663-07403-8

Verlags-Nr. 011640

Gesamtherstellung: Westdeutscher Verlag

Inhalt

1. Einleitung

Aus dem allgemeinen Verlauf der Massendefektkurve wurde schon sehr früh darauf geschlossen, daß ein α-Zerfall bereits bei Kernen mit einer Massenzahl $A > 140$ energetisch möglich sein müsse. Allerdings sollten im Bereich der Seltenen Erden bis Wismut die Zerfallsenergien im Mittel nur etwa 2 MeV betragen. Nach der Gamow-Formel, die einen Zusammenhang zwischen der Zerfallskonstanten, der Energie des ausgesandten α-Teilchens, der Ordnungszahl Z des Mutterkernes und dessen Radius gibt, errechnen sich Halbwertzeiten von 10^{17} und mehr Jahren. Diese geringen Zerfallsraten blieben aber lange Zeit dem Nachweis unzugänglich. Erst nach der Entwicklung der Kernplattentechnik wurde der α-Zerfall auch dieser Kerne experimentell erfaßbar.

Mit dieser Methode hat nun Porschen [1, 2] die Elemente von Lanthan bis Wismut systematisch auf eine α-Aktivität untersucht. Bei einigen Elementen fand er bereits am natürlichen Isotopengemisch einen positiven Effekt. Bei anderen Elementen konnte er nur eine untere Grenze für die Halbwertzeit angeben. Hierbei blieb aber vielfach die Frage offen, ob nicht die leichtesten Isotope, die jeweils nur einen geringen prozentualen Anteil des natürlichen Isotopengemisches ausmachen, α-instabil sind. Bei Neodym konnte Porschen durch Untersuchung einer Probe, in der das Isotop 144 angereichert enthalten war, die Aktivität dem Nd^{144} zuordnen. In dieser Arbeit soll nun über Untersuchungen an anderen Isotopen, die angereichert zu erhalten waren, berichtet werden.

2. Nachweismethode und Verfahrenstechnik

2.1 Methode

Eine ausführliche Behandlung der Kernplattentechnik mit zahlreichen Literaturangaben wurde von YAGODA [3] gegeben.
Zum Nachweis einer langlebigen α-Aktivität werden die zu untersuchenden Isotope in einer geeigneten Verbindung in eine Kernphotoschicht eingebracht. Anschließend lagert die imprägnierte Kernplatte. Die Lagerzeit wird begrenzt durch das »Fading« des latenten Spurenbildes. Die in dieser Zeit ausgesandten α-Teilchen erzeugen in der Schicht Spuren, deren Länge ein Maß für die Energie der Teilchen ist. Zählt man die Spuren, die in einem durchmusterten Volumen registriert werden, so erhält man hieraus bei Kenntnis der Zahl der in diesem Volumen eingelagerten Atome und der Lagerzeit die Zerfallskonstante und damit die Halbwertszeit des Strahlers.

2.2 Imprägnieren und Lagern der Platten

Die Seltenen Erden und Blei wurden als neutrale, wäßrige Lösungen ihrer Ammoniumcitratsalze in die Schicht eingebracht. Wolfram wurde als Kaliumwolframat- und Platin als Kaliumtetracyanoplatinat-Lösung eingelagert. In diesen Verbindungen sind die Metalle stark komplex gebunden. Dadurch können sie die photochemischen Prozesse in der Schicht nicht stören.
Das Einbringen der Lösungen geschah nach dem Auftropfverfahren: Die Schicht wird zum Vorquellen der Gelatineoberfläche mit etwas destilliertem Wasser befeuchtet. Nach etwa 15 Minuten wird die Lösung auf die waagerecht justierte Platte aufgetropft und vorsichtig verteilt. Nach dem Tränken verbleibt die Platte 10–15 Stunden in einer mit Wasserdampf gesättigten Umgebung. Dadurch wird vermieden, daß während des Eindringens der Lösung in die Schicht Wasser verdunstet und sich damit die Konzentration der Lösung ändert. Anschließend läßt man die Platte trocknen und bringt sie danach in ein mit Stickstoff gefülltes Gefäß. Der Feuchtigkeitsgehalt des Stickstoffes wird mit Calciumchlorid auf 38% eingestellt. Die Platten werden bei einer Temperatur von 5°C gelagert.

2.3 Entwicklung der Platten

Nach der Entnahme aus dem Kühlschrank wird die Platte langsam von 5°C auf Zimmertemperatur erwärmt. Anschließend lagert sie 20 Minuten in destilliertem

Wasser. Die Entwicklung in ID 19-Entwickler, der im Verhältnis 1 : 3 mit Wasser verdünnt ist, dauert bei einer Temperatur von 20° C 30 Minuten. Nach einem Zwischenbad in Wasser (1 Minute) wird die Entwicklung in einem Stoppbad aus zweiprozentiger Essigsäure (20 Minuten) rasch unterbrochen und gleichzeitig die Gelatine gehärtet. In diesem Bad wird das auf der Oberfläche abgeschiedene Silber vorsichtig abgerieben. Wieder nach einem Zwischenbad in Wasser kommt die Platte in das Fixierbad, das 300 g Natriumthiosulfat auf 1 Liter Wasser enthält. Die Fixierzeit beträgt bei 23° C etwa 1½ Stunden. Die Platte benötigt davon etwa 1 Stunde zum Klarwerden, danach soll sie noch ca. die Hälfte dieser Zeit im Fixierbad verbleiben. Nachdem die Platte ausfixiert ist, muß das Bad langsam verdünnt werden. Eine plötzliche Konzentrationsänderung würde zu Verzerrungen der Spuren führen. Die Wässerung wird beendet, wenn eine Probe des Bades bei einer schwachen Kaliumpermanganatlösung keinen Farbumschlag mehr ergibt. Anschließend läßt man die Platte in waagerechter Lage langsam trocknen. Nachdem die Oberfläche wirklich fest geworden ist, läßt sich das noch anhaftende Silber mit Methylalkohol abwaschen.
Der Entwickler wurde nach einem von ILFORD angegebenen Rezept jeweils kurz vor einer Entwicklung angesetzt: Es werden

1,1 g Metol
36,0 g Natriumsulfit, wasserfrei
4,4 g Hydrochinon
25,0 g Natriumcarbonat, wasserfrei
2,0 g Kaliumbromid

in Wasser gelöst und auf 0,5 Liter aufgefüllt.

2.4 Schrumpfungsfaktor

Die unentwickelte Emulsion enthält ca. 80 Gewichtsprozente Silberhalogenide. Im Fixierbad wird aber das unzersetzt gebliebene Silberhalogenid aus der Schicht herausgelöst. Dadurch schrumpft die Dicke der Platte. Durch diese Schrumpfung werden die Höhendifferenzen zwischen den Endpunkten der Spuren verkürzt. Zur Energiebestimmung ist jedoch die Kenntnis der Spurlänge zur Zeit ihrer Entstehung notwendig. Um diese Länge zu bestimmen, muß das Verhältnis der Schichtdicke während der Lagerzeit zur Schichtdicke während der Durchmusterung, der sogenannte Schrumpfungsfaktor, bekannt sein. Er wird nach PORSCHEN [1] durch zwei Wägungen und einer Dickenmessung mit dem Mikroskop bestimmt. Aus einer Wägung der Platte vor der Entwicklung erhält man die Masse der Emulsion allerdings zusammen mit der Masse der Glasunterlage. Wägt man die Platte erneut nach der Entwicklung und berücksichtigt die Dichte der Gelatine, die Fläche und die mit dem Mikroskop ausgemessene Dicke der Schicht, so läßt sich die Masse der Glasunterlage ausrechnen. Über die Dichte der unentwickelten Emulsion, die von ILFORD in Abhängigkeit von ihrem Feuchtigkeits-

gehalt angegeben wird, ergibt sich dann die Dicke der Schicht während der Lagerung und damit auch der Schrumpfungsfaktor.
Da die Schichtdicke vom Feuchtigkeitgehalt der Gelatine abhängt, muß die Platte während der Durchmusterungszeit bei konstanter Luftfeuchtigkeit gelagert werden. Die Platten wurden in einem Exsiccator über einer gesättigten Calciumnitratlösung aufbewahrt, die bei 20° C eine relative Feuchtigkeit von 55% aufrechterhält.

2.5 Durchmusterung der Platten

Die Spuren verlaufen innerhalb der Schicht in allen Richtungen relativ zur Schichtebene. Das bedeutet, daß sowohl die Projektion in eine Ebene parallel zur Schichtebene als auch die Höhendifferenz zwischen den beiden Endpunkten der Spur oder kurz die Höhe der Spur ausgemessen werden müssen.
Für die Durchmusterung der Platten standen zwei Leitz Ortholux-Mikroskope zur Verfügung. Es wurden ein Immersionsobjektiv 100fach, $A = 1{,}32$ und ein 6fach vergrößerndes Okular benutzt. Das Auflösungsvermögen des Mikroskopes beträgt 0,36 μ. Bei einer sorgfältigen Ausmessung lassen sich die Endpunkte einer Spur etwa auf $^1/_5$ dieses Wertes festlegen. Damit sind dann die Projektionen der Spuren mit einem absoluten Fehler von etwa 0,14 μ behaftet.
Die Projektionen wurden mit einer Okularmikrometerskala, deren kleinste Unterteilung bei der gewählten Vergrößerung (1,23 ± 0,01) μ entsprach, ausgemessen. Schätzt man die Lage der Endpunkte auf $^1/_{10}$ dieser Unterteilung, so beträgt der hierdurch entstehende Fehler bei Projektionen von 20 μ Länge 1% und bei 5 μ Länge 5%. Dieser Ablesefehler läßt sich aber durch genügend zahlreiche Wiederholung der Vermessung auf etwa 1% herunterdrücken.
Die Höhen h der Spuren wurden mit dem Höhenfeintrieb, der in 1 μ unterteilt ist, gemessen. Um die wahren Höhen zu erhalten muß dieser Wert mit dem Schrumpfungsfaktor s multipliziert werden. Nach PYTHAGORAS erhält man aus der Projektion p und der wahren Höhe (sh) die Länge l einer Spur über

$$l^2 = p^2 + (sh)^2$$

mit einem Fehler

$$dl = \frac{p}{l}\,dp + \frac{s^2h}{l}\,dh + \frac{h^2s}{l}\,ds\,.$$

Läßt man zur Bestimmung der mittleren Spurlänge nur solche Spuren zu, die unter einem kleinen Winkel zur Schichtebene verlaufen, so geht in den Fehler dieser mittleren Länge nur der Fehler der Projektion in die Bildebene ein.
Teilchen gleicher kinetischer Energie ergeben in Materie etwas verschiedene Weglängen. Die Längen unterliegen der Gaußschen Statistik. Aus dieser Verteilung der Spurlängen, d. h. der Reichweiten der α-Teilchen wurde die mittlere Reichweite bestimmt. Die dieser Reichweite entsprechende Energie wurde der

von FARAGGI [4] experimentell aufgenommenen Energie-Reichweite-Kurve entnommen. Von FARAGGI wird ein Fehler von 1% angegeben. Damit wird der Fehler in den Energien, die in den Untersuchungsergebnissen angegeben werden, mit 2% angenommen und nur im ungünstigsten Falle sehr kleiner Reichweiten mag er größer sein.

2.6

In die Bestimmung der Zerfallskonstanten λ geht neben der Zahl der in einem durchgemusterten Volumen gefundenen Spuren und der Lagerzeit auch die Anzahl der in diesem Volumen eingelagerten Atome einer Massenzahl ein. Da die Anzahl der Atome proportional der eingebrachten Menge des Isotops ist, wird im folgenden stets das Produkt ($mg \cdot d$) aus Lagerzeit und der Menge des zu untersuchenden Isotops (die in dem durchmusterten Volumen eingelagert war) angegeben.

Die zu untersuchenden Elemente lagen in Mengen von 1 bis 5 mg vor. Das interessierende Isotop war jedoch in manchen Fällen nur auf ca. 10% oder noch weniger angereichert darin enthalten. Die Elemente konnten nicht in der zur Einlagerung geeigneten Verbindung bezogen werden. Es war somit notwendig, sie chemisch aufzuarbeiten.

Bei Spurlängen zwischen 5 und 9 μ stört einerseits der Prozeß $N^{14}(n, p)\ C^{14}$, der durch thermische Neutronen, die im wesentlichen der kosmischen Strahlung entstammen, ausgelöst wird. Dieser Prozeß liefert Spuren mit einer mittleren Reichweite von 6,4 μ. Es wurde angenommen (nach[1]), daß unter den hier vorliegenden Bedingungen 1 Spur pro 1 cm^2 Schichtfläche und 100 Tagen Lagerzeit aus dieser Reaktion auftreten. Andererseits stören in dem Massenbereich von 140 bis 160 etwaige Samariumverunreinigungen, mit denen auch bei einigen angereicherten Isotopen der Seltenen Erden gerechnet werden muß. Diese würden Spuren mit einer mittleren Reichweite von 7,2 μ ergeben. Infolge der großen Zerfallkonstanten des Sm^{147} relativ zu den Zerfallskonstanten der untersuchten Isotope sind bereits Verunreinigungen, die unterhalb der chemischen Nachweisgrenze liegen, sehr unangenehm, besonders da in diesen Fällen der Sm-Gehalt nicht genau bekannt ist. Damit ist auch die dem Sm-Isotop zuzuschreibende Spurenzahl unsicher.

3. Untersuchungsergebnisse

3.1 Cer 140 und Cer 142

In Analogie zur Systematik der α-aktiven, schweren Kerne war zu vermuten, daß bei Cer das Isotop 142 mit (82 + 2) Neutronen gegen einen α-Zerfall mit einer nachweisbaren Energie instabil sein könne. Bei allen bekannten, natürlichen und künstlichen, geraden Isotopen mit 84 Neutronen und einer größeren Protonenzahl als Cer ist eine α-Strahlung nachgewiesen worden. Dagegen ist anzunehmen, daß Ce^{140} mit seiner abgeschlossenen Neutronenschale und einer natürlichen Häufigkeit von 88% stabil ist. Die Halbwertszeit von Cer 142 sollte nach [1] größer als $4{,}4 \cdot 10^{15}$ Jahre sein. Aus dem Verlauf der Kurve für $N = 84$ der Abb. 14 ist zu vermuten, daß die α-Teilchen mit einer Energie kleiner als 2 MeV austreten. Das heißt aber, daß die Platten nach sehr kurzen Spuren durchsucht werden müssen. Aus diesem Grund wurde auch Ce^{140} unter den gleichen Bedingungen gelagert und ausgewertet.

Es wurden zwei Proben von je 5 mg Cerdioxyd von HARWELL bezogen. Sie hatten folgende Isotopenzusammensetzung:

	Isotop	136	138	140	142
Cer 140	%	0,0024	0,0084	99,48	0,51
Cer 142	%			4,0	96,0
natürl. Cer	%	0,193	0,250	88,48	11,07

Die Isotope wurden als Ce-Ammoniumcitrat in die Kernplatten eingebracht. Zur Darstellung dieser Verbindung werden 5 mg CeO_2 in 6 cm³ HNO_3, versetzt mit 1 Tropfen 30prozentiger H_2O_2-Lösung über einem Wasserbad erhitzt bis die Lösung klar geworden war. Nach dem Erkalten wurde tropfenweise Ammoniak zugegeben, bis sich kein neuer Niederschlag mehr bildete. Darauf wurde der Niederschlag zentrifugiert und zweimal mit Wasser gewaschen. Das so erhaltene Hydroxyd wurde in 1 cm³ Citronensäure (800 mg/1 cm³ Wasser) gelöst und diese Lösung vorsichtig durch schwaches Erwärmen auf 0,5 cm³ eingeengt. Mit Ammoniak wurde der pH-Wert 7 eingestellt.

Die Lagerzeiten der Platten betrugen 55 Tage. Das Durchmusterungsergebnis der mit Ce^{140} getränkten Platte zeigt die Abb. 1. Diese Spurenverteilung kann als normaler Untergrund aufgefaßt werden. Dagegen erscheint in dem Spektrum der mit Ce^{142} beladenen Platte der Abb. 2 eine Spurengruppe mit einer mittleren Reichweite von $(4{,}7 \pm 0{,}24)\ \mu$. Das Produkt aus Lagerzeit und Menge Ce^{142} beträgt 46 (mg $\cdot$ *d*). Eine Sm-Verunreinigung ist auszuschließen, da sich Ce

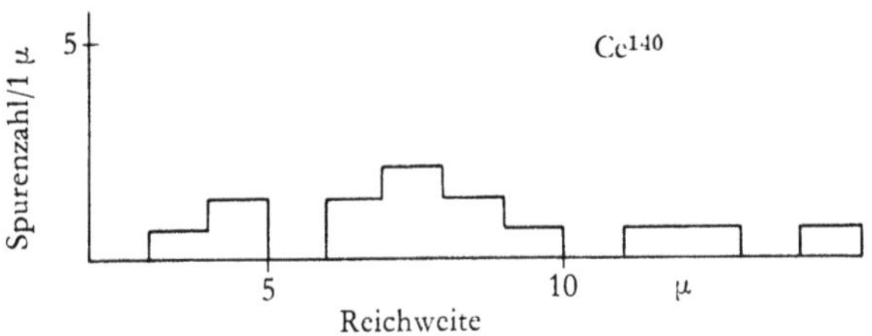

Abb. 1 Spurenverteilung zu Cer 140 (36 mg · *d*)

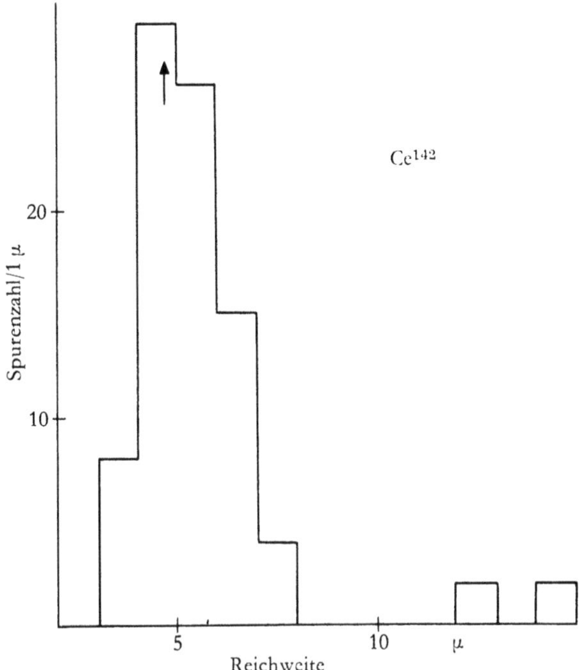

Abb. 2 Spurenverteilung zu Cer 142 (46 mg · *d*)

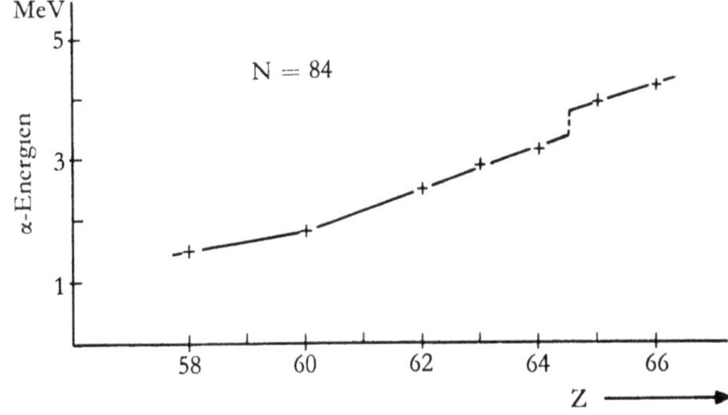

Abb. 3 α-Energien der Isotope mit 84 Neutronen in Abhängigkeit von der Protonenzahl *Z*

infolge seines vierwertigen Auftretens leicht chemisch von anderen Seltenen Erden trennen läßt. Auf den Prozeß $N^{14}(n, p)$ C^{14} sollten etwa 3–5 Spuren entfallen. Somit wurden rd. 75 Spuren durch einen α-Zerfall des Ce^{142} erzeugt. Damit beträgt die Zerfallskonstante $\lambda = 1{,}5 \cdot 10^{-16}$/Jahr und die Halbwertszeit $T = 5{,}1 \cdot 10^{15}$ Jahre. Da Spuren von 5 μ bei der Durchmusterung einerseits leicht übersehen werden, besonders wenn sie steil zur Schichtebene verlaufen, andererseits aber zufällige Zusammenlagerungen von Silberkörnern Spuren vortäuschen können, dürfte die Halbwertszeit auf etwa einen Faktor 2 genau sein. Einer Reichweite der α-Teilchen von 4,7 μ entspricht die Energie $E = 1{,}5$ MeV. Diese Energie ist zusammen mit den α-Energien der anderen bekannten Isotope mit 84 Neutronen in der Abb. 3 über der Protonenzahl Z aufgetragen. Der Sprung in den Energien zwischen den Protonenzahlen 64 und 65 läßt sich durch die große Aufspaltung des $4d$-Termes erklären.

3.2 Neodym 143 und Neodym 145

An dem Isotop Nd^{144} beobachtete Porschen [1] eine α-Strahlung mit einer Halbwertzeit von $2{,}2 \cdot 10^{15}$ Jahren, während er an den Isotopen 142 und 146 keine Aktivität nachweisen konnte.

Die angereicherten Isotope 143 und 145 wurden, wie früher Nd^{144}, von Harwell bezogen. In der nachstehenden Tabelle ist die Zusammensetzung der beiden Proben aufgeführt:

	Isotop	142	143	144	145	146	148	150
Nd 143	%	4,0	83,9	8,8	1,8	1,2	0,15	0,1
Nd 145	%	1,2	0,8	4,8	78,6	13,7	0,6	0,2
natürl. Nd	%	27,13	12,20	23,87	8,30	17,18	5,72	5,60

Das Neodym lag als Nd_2O_3 vor. Es wurde in 2 Tropfen Salzsäure (10prozentig) gelöst, anschließend wurde die Lösung mit 2 Tropfen Citronensäure (50 mg/1 cm^3 Wasser) versetzt und mit Ammoniak neutralisiert.

Die mit der Lösung von Nd^{143} getränkte Platte wurde 73 Tage gelagert. Das Ergebnis der Durchmusterung zeigt Abb. 4. Es erscheint eine Spurengruppe bei 7 μ, die sicher ganz von einer Sm-Verunreinigung des Neodyms herrührt. Porschen bestimmte seinerzeit mit Hilfe von Kernplatten den Sm-Gehalt des Ionenquellenmaterials von Harwell. Er betrug (0,075 ± 10)%. Aus den Abreicherungsfaktoren für die Massen 146 und 148 wurde auf die Masse 147 interpoliert und auf diese Weise der Prozentsatz an Sm^{147} in der Probe abgeschätzt. Danach betrug er $6 \cdot 10^{-4}$%. Eine solche Verunreinigung müßte 15 Spuren mit einer mittleren Reichweite von 7,2 μ liefern. Dies stimmt innerhalb der Fehlergrenzen mit der gefundenen Spurenzahl überein. Damit und mit dem Wert 26,4 (mg · d) Nd^{143} ergibt sich, daß die Halbwertszeit für einen α-Zerfall dieses Isotops größer als $2 \cdot 10^{17}$ Jahre sein muß.

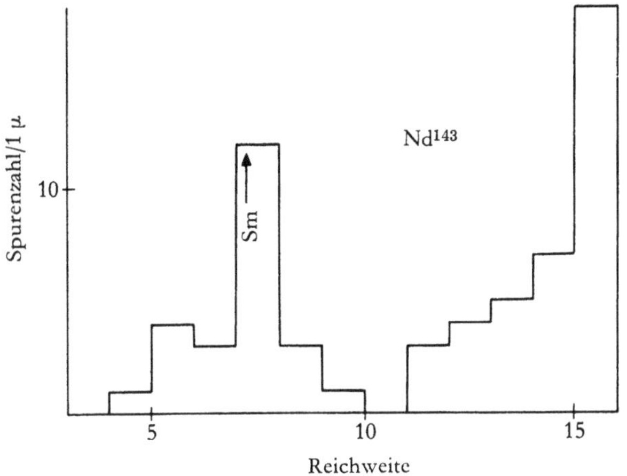

Abb. 4 Spurenverteilung zu Neodym 143 (26,4 mg · *d*)

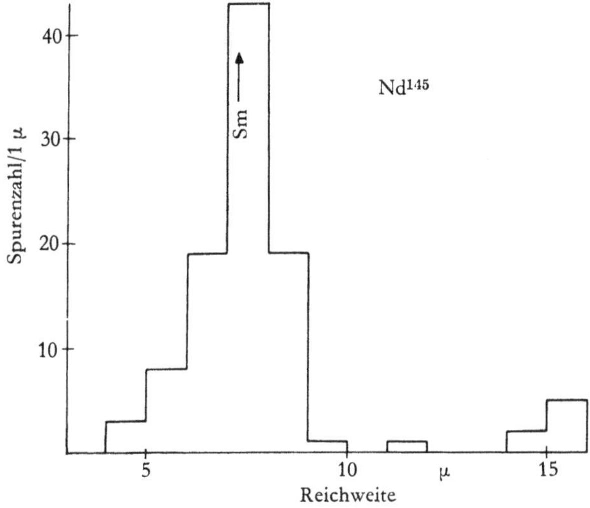

Abb. 5 Spurenverteilung zu Neodym 145 (15,5 mg · *d*)

Auch bei Nd^{145} konnte keine Aktivität nachgewiesen werden. Die Spurengruppe um 7 μ der Abb. 5 entspricht innerhalb der Fehlergrenzen der Sm-Verunreinigung. Bei dieser Probe ergibt die Abschätzung nach der oben angeführten Methode $6 \cdot 10^{-3}\%$ Sm^{147}. Mit einem Produkt 15,5 (mg · *d*) Nd^{145} ergibt sich dann eine untere Grenze für die Halbwertszeit dieses Isotops von 10^{17} Jahren.

3.3 Gadolinium 152

Nach Porschen liegt die untere Grenze für die Halbwertszeit von Gd^{152} gegen einen α-Zerfall bei $8 \cdot 10^{13}$ Jahren. Dieser Wert ist gut experimentell erfaßbar. Aus

diesem Grunde wurde eine Probe mit angereichertem Gd^{152}, die vom Oak Ridge National Laboratory bezogen wurde, untersucht.
Die Probe enthielt 2,3 mg Gd_2O_3 mit folgender Massenzusammensetzung:

	Isotop	152	154	155	156	157	158	160	Sm
	%	14,96	9,75	27,26	19,32	10,08	11,67	6,97	0,1
natürl. Gd	%	0,20	2,15	14,73	20,47	15,68	24,87	21,90	

Das Oxyd wurde in 0,5 cm^3 HCl gelöst und durch Zugabe von Ammoniak in das Hydroxyd überführt. Dieses wurde zentrifugiert, zweimal mit destilliertem Wasser gewaschen und in 0,3 cm^3 Citronensäure (50 mg/1 cm^3 Wasser) gelöst und mit Ammoniak neutralisiert.
Die hiermit imprägnierte Platte lagerte 107 Tage. Das Ergebnis der Durchmusterung ist in Abb. 6 dargestellt. Es zeigt sich eine Spurengruppe zwischen 4 und 6μ. Etwa 5 dieser Spuren sollten auf den Prozeß $N^{14}(n, p)\ C^{14}$ entfallen. Der Sm-Gehalt dieser Probe ist nach Angabe von Oak Ridge kleiner als 10^{-3}. Schreibt man die Spuren oberhalb 7 μ dem Sm zu, so ergibt sich eine Verunreinigung von etwa $2 \cdot 10^{-4}$, die aber vermutlich zu hoch ist. Damit entfallen auf das Gd^{152} 40 Spuren. Hieraus und aus dem Produkt 5,1 (mg $\cdot$ *d*) Gd^{152} erhält man für dieses Isotop die Zerfallskonstante $\lambda = 7 \cdot 10^{-16}$/Jahr und die Halbwertszeit $T = 10^{15}$ Jahre. Die mittlere Reichweite der Spuren beträgt $(5{,}8 \pm 0{,}8)\ \mu$ und die zugehörige Energie 1,8 MeV.

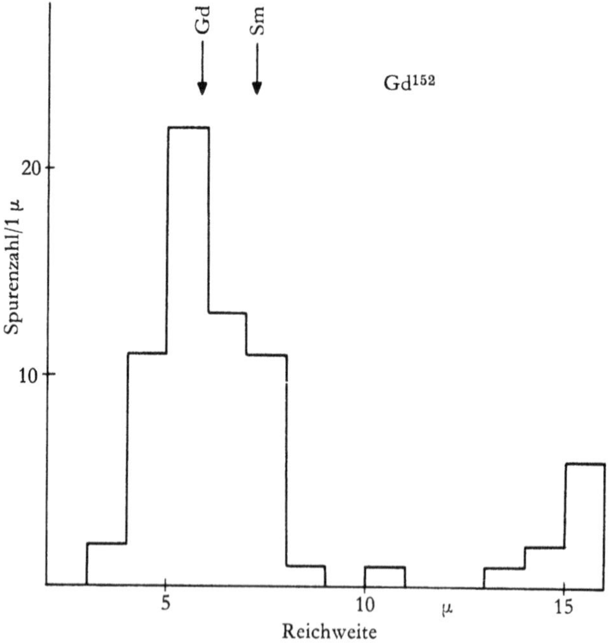

Abb. 6 Spurenverteilung zu Gadolinium 152 (5,1 mg $\cdot$ *d*)

Nach einer privaten Mitteilung von Kohman beobachtete auch die Pittsburger Gruppe mit einer Ionisationskammer eine α-Aktivität am Gd^{152}.

3.4 Dysprosium 156

Für die Untersuchung des Dy^{156} wurde eine Probe von Oak Ridge verwendet. Sie enthielt 1,2 mg Dy_2O_3 mit der Isotopenzusammensetzung:

	Isotop	156	158	160	161	162	163	164	Sm
	%	13,8	0,9	8,6	25,7	22,8	15,3	13,0	0,04
natürl. Dy	%	0,052	0,090	2,294	18,88	25,53	24,97	28,18	

Das Oxyd wurde in 0,5 cm^3 HNO_3 gelöst und mit Ammoniak in Dy-Hydroxyd überführt. Dieses wurde zentrifugiert, zweimal mit Wasser ausgewaschen und in 6 Tropfen (0,25 cm^3) Citronensäure gelöst. Es wurde mit Wasser auf 0,5 cm^3 aufgefüllt und mit NH_4OH der pH-Wert 7 eingestellt.

Die mit dieser Lösung imprägnierte Platte wurde nach einer Lagerzeit von 102 Tagen durchmustert. Das Ergebnis zeigt Abb. 7. Es zeigt eine breite Spuren-

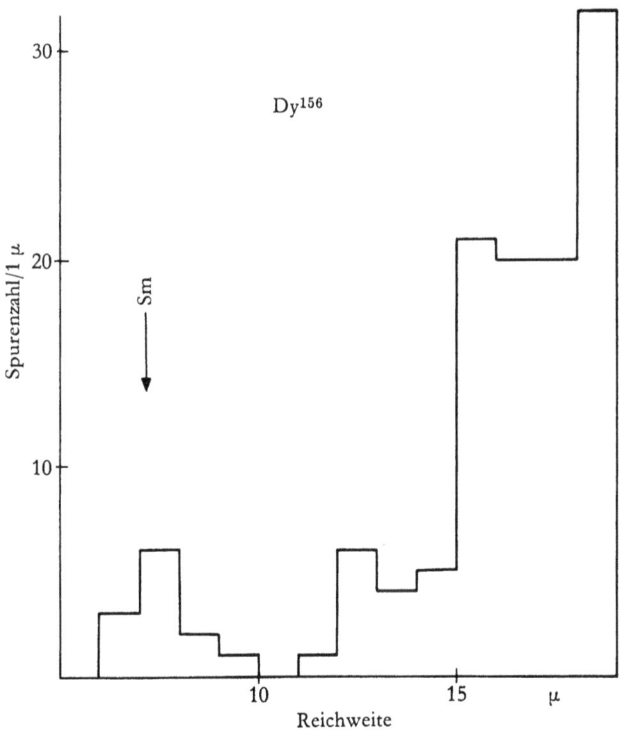

Abb. 7 Spurenverteilung zu Dysprosium 156 (7,1 mg · *d*)

gruppe zwischen 6 und 9 μ. In diesem Fall sollten 5 bis 10 Spuren von dem Prozeß $N^{14}(n, p)\,C^{14}$ herrühren. Schon ein Sm-Gehalt von $4 \cdot 10^{-5}$, mit dem auch im angereicherten Dysprosium zu rechnen ist, würde die Spurengruppe um 7 μ erklären. Hiermit bleibt es also fraglich, ob überhaupt einige Spuren durch einen α-Zerfall des Dy^{156} verursacht wurden. Sicher ist die Spurenzahl für dieses Isotop kleiner als 10. Damit und mit dem Wert 7,1 (mg · *d*) Dy^{156} muß die Halbwertszeit größer als 10^{18} Jahre sein.

Toth und Rasmussen [5, 6] gelang es, ein α-aktives Isotop Dy^{154} mit einer Halbwertszeit von 13 Stunden herzustellen. Sie schlagen vor, diese Halbwertszeit einem isomeren Zustand zuzuschreiben. An dem ebenfalls von Toth künstlich erzeugten Dy^{155}, das ein inverser β-Strahler mit 10 Stunden Halbwertszeit ist, konnten sie neben der *K*-Strahlung keine α-Aktivität nachweisen. Durch das negative Ergebnis an Dy^{154} wird ganz deutlich, daß zwischen Dy^{154} und Dy^{156} in der α-Zerfallrate ein ungewöhnlich großer Sprung auftritt.

3.5 Hafnium 174

Die Halbwertszeit für Hf^{174} mit einer natürlichen Häufigkeit von 0,18% ist nach den früheren Untersuchungen größer als $3{,}9 \cdot 10^{14}$ Jahre. Für einen Versuch mit dem angereicherten Isotop 174 standen 2,4 mg Hf-Oxyd von Oak Ridge mit folgender Massenzusammensetzung zur Verfügung:

	Isotop	174	176	177	178	179	180
	%	10,14	19,28	28,87	21,72	7,14	12,86
natürl. Hf	%	0,18	5,15	18,39	27,08	13,78	35,44

Das HfO_2 wurde mit 10 mg $KHSO_4$ sehr gut vermischt, langsam in einem geschlossenen Tiegel zum Schmelzen gebracht und 30 Minuten in der Schmelze gehalten. Nach Erkalten wurde 1 Tropfen konzentrierte H_2SO_4 auf die Schmelze gegeben und diese dann in 2 cm³ Wasser gelöst. Mit Ammoniak wurde das Hafnium als Hydroxyd gefällt, anschließend zentrifugiert und zweimal mit Wasser gewaschen. Der Niederschlag wurde in 0,2 cm³ 10prozentiger HNO_3 gelöst und diese Lösung mit Ammoniak auf den pH-Wert 1,5 abgestumpft. Danach wurden 0,3 cm³ Citronensäure (pH = 1) zugegeben und mit Ammoniak neutralisiert.

Nach einer Lagerzeit von 120 Tagen wurde die mit dieser Lösung getränkte Platte entwickelt und durchmustert. Die Spurenverteilung dieser Platte (Abb. 8) zeigt ein scharfes Maximum bei 8 μ mit einer mittleren Reichweite von $(8{,}4 \pm 0{,}9)$ μ. Etwaige Sm-Verunreinigungen, die jedoch im Hafnium nicht enthalten sein sollten, würden Spuren mit einer mittleren Reichweite von 7,2 μ und die Reaktion $N^{14}(n, p)\,C^{14}$ etwa 4–6 Spuren mit einer mittleren Reichweite von 6,4 μ ergeben. Beide Reichweiten liegen wesentlich unterhalb derjenigen, die hier für das Hf^{174} gefunden wurde. Auf dieses Isotop entfallen aus dieser Spurengruppe rd. 18 Spu-

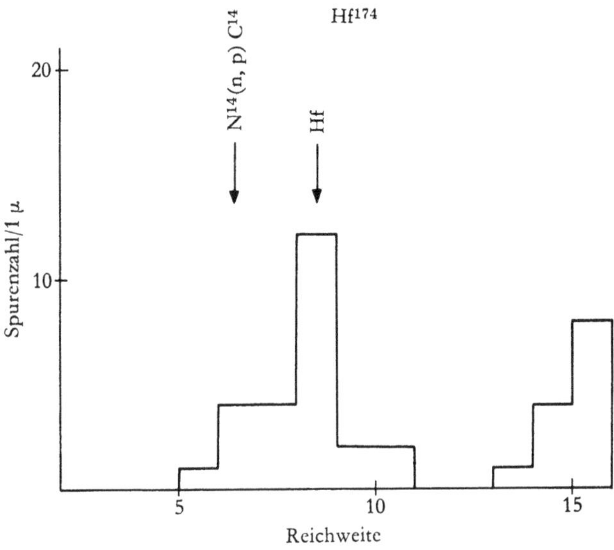

Abb. 8 Spurenverteilung zu Hafnium 174 (11,9 mg · *d*)

ren. Daraus und aus dem Produkt 11,9 (mg · *d*) Hf^{174} ergibt sich eine Zerfallskonstante von $1{,}6 \cdot 10^{-16}$/Jahr und die Halbwertszeit $T = 4{,}3 \cdot 10^{15}$ Jahre. Infolge der geringen Spurenzahl beträgt der Fehler in der Halbwertszeit etwa 25%. Der Reichweite der α-Teilchen entspricht die Energie $E = 2{,}47$ MeV.

3.6 Wolfram 180 und Wolfram 183

Am natürlichen Wolfram beobachtete PORSCHEN eine α-Strahlung mit $a \cdot 2{,}2 \cdot 10^{17}$ Jahren (a = Häufigkeit des aktiven Isotops) Halbwertszeit und einer Energie der Teilchen von 3,0 MeV. Nach der Gamow-Formel zerfällt ein Wolframisotop mit dieser Energie mit einer Halbwertszeit von weniger als 10^{10} Jahren. Deshalb wurde von PORSCHEN und RIEZLER vermutet, daß ein extrem seltenes leichtes, α-instabiles Isotop, das bisher der Beobachtung entgangen war, existieren könne. Untersuchungen an Graphitauffängern aus Harwell, auf denen etwaige Isotope 178 und 179 hätten angereichert sein müssen, hatten ein negatives Ergebnis. Aus diesem Grunde wurden die Isotope 180 und 183 untersucht.

Eine Probe von 1,5 mg WO_3, in der das W^{180} auf ~ 7% angereichert enthalten war, erhielten wir von Harwell. Zwei Proben mit je 3,0 mg WO_3 und folgender Isotopenzusammensetzung wurden von Oak Ridge bezogen.

	Isotop	180	182	183	184	186
W 180	%	6,6	48,0	13,7	20,1	11,6
W 183	%	0,098	4,19	86,2	7,14	2,36
natürl. W	%	0,135	26,4	14,4	30,6	30,6

Das Wolframtrioxyd wurde im Verhältnis 1 : 1,5 mit K_2CO_3 sorgfältig gemischt und auf etwa 620° C erhitzt. Das Gemisch wurde ca. 3 Stunden auf dieser Temperatur gehalten. Das hierbei gebildete Kaliumwolframat wurde in Wasser gelöst und diese Lösung in eine Kernplatte eingebracht.

Die Platten lagerten 112 Tage. In den Abb. 9 und 10 sind die Ergebnisse der Durchmusterung aufgezeichnet. In beiden Darstellungen fehlt das früher gefundene Maximum bei 10 μ. Dagegen erscheint in der Spurenverteilung zu W^{180} ein breites Maximum zwischen 5 und 10 μ. Aus dieser Gruppe sollten nach einem Vergleich der durchmusterten Quadratzentimeter mal Tagen Lagerzeit für W^{183} und W^{180} ca. 40 Spuren aus der Reaktion am Stickstoff herrühren. Auf das Wolfram 180 entfallen damit 45 Spuren, deren mittlere Reichweite bei (8,7 ± 0,2) μ

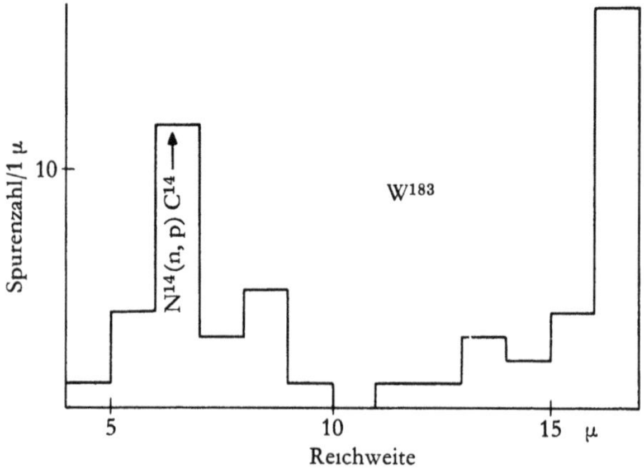

Abb. 9 Spurenverteilung zu Wolfram 183 (53,5 mg · *d*)

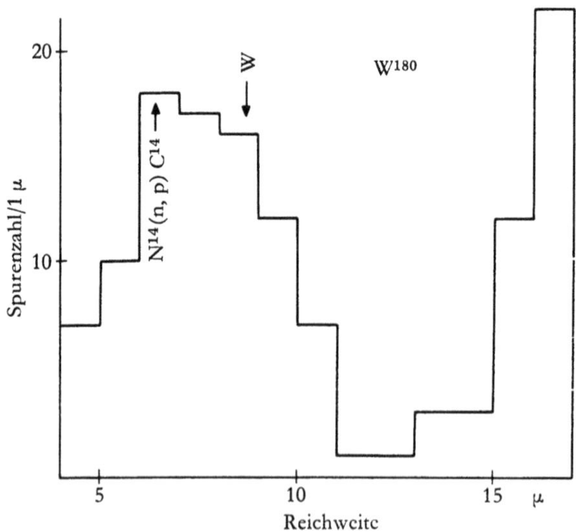

Abb. 10 Spurenverteilung zu Wolfram 180 (4,3 mg · *d*)

liegt. Mit 45 Spuren und 4,3 (mg · *d*) W^{180} erhält man eine Zerfallskonstante von 10^{-15} pro Jahr und eine Halbwertszeit von $6 \cdot 10^{14}$ Jahren.
Einer Reichweite der α-Teilchen von 8,7 μ entspricht die Energie $E = 2{,}55$ MeV. Aus dieser Energie ergibt sich eine Massendifferenz zwischen den Kernen W^{180} und Hf^{176} von 4,00666 Masseneinheiten. Nach der Atomtabelle von DUCKWORTH [7] beträgt diese Differenz in guter Übereinstimmung 4,006300 ME. Ein Vergleich mit den Ergebnissen von PORSCHEN am natürlichen Wolfram zeigt dagegen keine gute Übereinstimmung in den α-Zerfallsenergien und den Halbwertszeiten. Die Ursache hierfür konnte bisher noch nicht geklärt werden.
Die Halbwertszeit des Isotops W^{183} gegen einen α-Zerfall muß größer als $3{,}3 \cdot 10^{17}$ Jahre sein.

3.7 Platin 190 und Platin 192

Beide Platinisotope wurden von Oak Ridge bezogen. In der folgenden Tabelle ist die Isotopenzusammensetzung der Proben angegeben:

	Isotop	190	192	194	195	196	198
Pt 190	%	0,76	5,8	42,32	29,64	15,63	2,85
Pt 192	%		13,87	52,84	22,62	10,27	0,38
natürl. Pt	%	0,012	0,78	32,8	33,7	25,4	7,23

Das Platin lag als feines Metallpulver vor. Es wurde im Verhältnis 1 : 2,5 mit KCN vermischt und bei einer Temperatur von 800 bis 900° C geschmolzen. Nach etwa 2 Stunden hatte sich das Platin mit dem geschmolzenen Kaliumcyanid in $K_2[Pt(CN)_4]$ umgesetzt. Mit den wäßrigen Lösungen dieser Schmelzen wurden dann Kernplatten getränkt.
Die mit Pt^{190} imprägnierte Platte lagerte 23 Tage. Wie in den früheren Untersuchungen am natürlichen Platin [1] ergab die Durchmusterung dieser Platte eine Spurengruppe bei 11 μ (Abb. 11). Die mittlere Reichweite dieser Spuren liegt

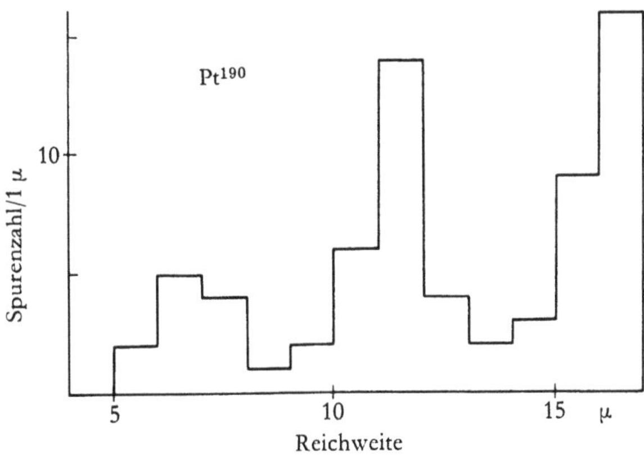

Abb. 11 Spurenverteilung zu Platin 190 ($6{,}5 \cdot 10^{-3}$ mg · *d*)

bei (11,6 ± 0,27) μ. PORSCHEN erhielt eine mittlere Reichweite von 11,7 μ. Dieser entspricht eine Energie der α-Teilchen von 3,3 MeV. Der Unterschied in den beiden Reichweiten ist darauf zurückzuführen, daß die mit Pt^{190} beladene Schicht durch eine nicht bekannte Ursache teilweise beschädigt war, so daß nur kleine Flächen ausgewertet werden konnten. Die von PORSCHEN bestimmte Reichweite gibt daher den genaueren Wert. Schreibt man dem Pt^{190} 25 Spuren aus der Gruppe um 11 μ zu, so ergibt sich für dieses Isotop mit $6{,}5 \cdot 10^{-3}$ (mg · d) eine Zerfallskonstante von $3{,}1 \cdot 10^{-13}\ a^{-1}$ und eine Halbwertszeit von $2{,}2 \cdot 10^{12}$ Jahren. Der Fehler dürfte etwa 50% betragen. Innerhalb dieser Grenze stimmen die am angereicherten Isotop gefundene Halbwertszeit und die am natürlichen Paltin beobachtete Halbwertszeit von $a \cdot 8 \cdot 10^{15}$ Jahren ($a = 1{,}2 \cdot 10^{-4}$ für Pt^{190}) überein.
Die mit Pt^{192} imprägnierte Platte wurde 114 Tage gelagert. In der Spurenverteilung in dieser Platte (Abb. 12) erscheint nur ein normaler Untergrund. Die Halbwertszeit für Pt^{192} muß also größer als $6 \cdot 10^{16}$ Jahre sein. Die früher aus einigen Spuren für möglich gehaltene kurze Halbwertszeit dieses Isotops hat sich damit nicht bestätigt.

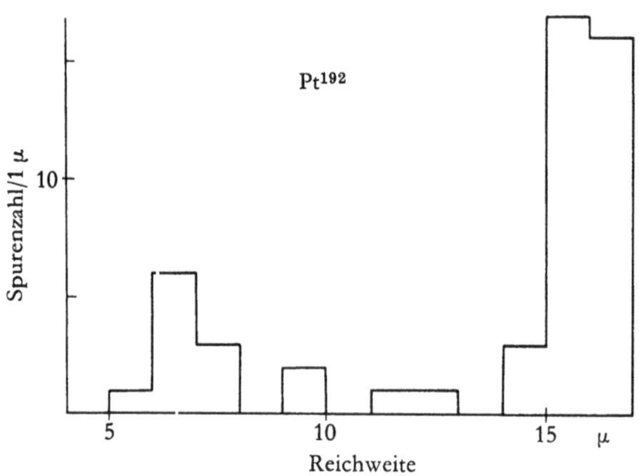

Abb. 12 Spurenverteilung zu Platin 192 (10,8 mg · d)

3.8 Blei 204

Es ist interessant zu wissen, ob $_{82}Pb^{204}$ mit (126–4) Neutronen eine α-Aktivität aufweisen möge. Bei den Bi-Isotopen steigen die Zerfallsenergien nach Durchschreiten eines Minimums bei N = 126 mit fallenden Neutronenzahlen monoton wieder an. Deshalb wurde eine Probe von Oak Ridge, in der Pb^{204} angereichert enthalten war, untersucht. Es lagen 5,4 mg Bleimonoxyd mit der nachstehenden Massenverteilung vor:

	Isotop	204	206	207	208
Pb 204	%	27,0	33,7	16,2	23,1
natürl. Pb	%	1,48	23,6	22,6	52,3

Zum Einlagern in eine Kernplatte wurde das PbO in 3 Tropfen Citronensäure (800 mg/1 cm³ H_2O) gelöst. Bei Zugabe von Ammoniak fiel zunächst ein Niederschlag, der sich bei höheren pH-Werten (~ 5) wieder löste. Nach Erreichen des pH-Wertes 7 durch weitere Zugabe von Ammoniak wurde mit dieser Lösung eine Kernplatte imprägniert.

Die Lagerzeit dieser Platte betrug ein halbes Jahr. Die Durchmusterung, deren Ergebnis in der Abb. 13 dargestellt ist, lieferte eine Spurengruppe zwischen 8 und 9 μ. Die mittlere Reichweite dieser Spuren liegt bei (8,4 ± 0,3) μ. Die Reaktion $N^{14}(n, p)\,C^{14}$ sollte in dem durchmusterten Volumen etwa 15–20 Spuren erzeugt haben. Somit entfallen aus der Gruppe rd. 40 Spuren auf das Blei 204. Mit einem Produkt von 986 (mg · *d*) Pb^{204} ergibt sich die Zerfallskonstante für dieses Isotop $\lambda = 5 \cdot 10^{-18}/\text{Jahr}$ und die Halbwertszeit $T = 1{,}4 \cdot 10^{17}$ Jahre. Der Reichweite der α-Teilchen von 8,4 μ entspricht die Energie $E = 2{,}6$ MeV.

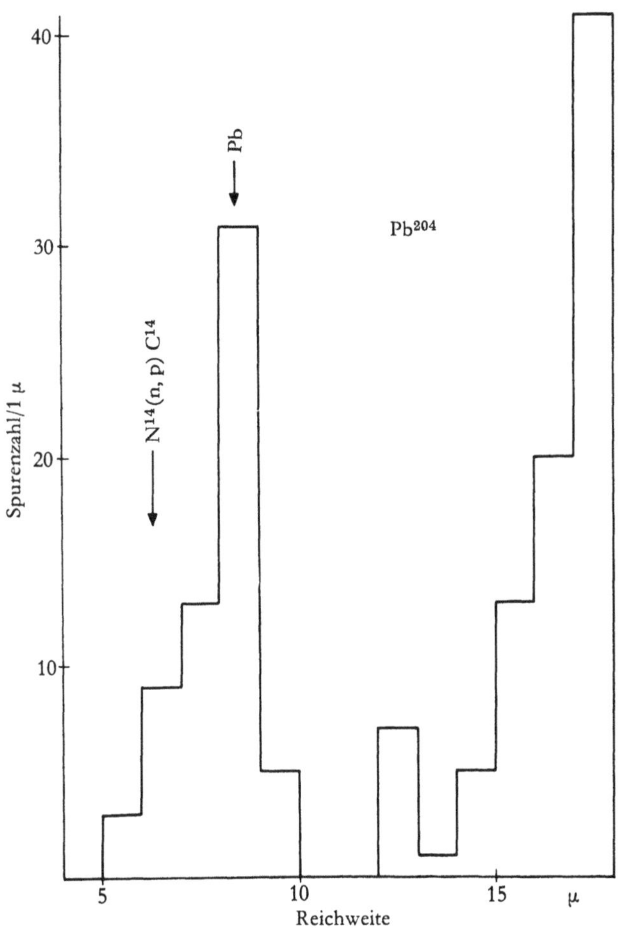

Abb. 13 Spurenverteilung zu Blei 204 (986 mg · *d*)

Aus der Energie der emittierten α-Teilchen ergibt sich eine Massendifferenz zwischen den Kernen Pb^{204} und Hg^{200} von 4,0067 Masseneinheiten. Die von Benson, Damerow und Ries [8] massenspektrometrisch bestimmten Werte für $Pb^{204} = 204,037935$ ME (über das Doublet $C_8H_6 - \frac{1}{2} Pb^{204}$) und $Hg^{200} = 200,031911$ ME (über das Doublet $C_7H_{16} - \frac{1}{2} Hg^{200}$) zeigen nur eine Differenz von 4,006024 ME. Setzt man für Hg^{200} die von Kerr und Duckworth [9] über das Doublet $\frac{1}{2} Hg^{200} - COCl^{35}Cl^{37}$ bestimmte Masse von 200,03127 ME ein, so erhält man in guter Übereinstimmung mit unserem Wert die Massendifferenz 4,00666 ME.

4. Zusammenfassung

An den angereicherten Isotopen Ce^{142}, Gd^{152}, Hf^{174} und Pb^{204} konnte ein α-Zerfall nachgewiesen werden. Die von PORSCHEN [1] am natürlichen Platin beobachtete Aktivität wurde dem Isotop Pt^{190} zugeordnet. Die Ergebnisse der Untersuchung an W^{180} stimmen nicht mit den Ergebnissen am natürlichen Wolfram überein. Möglicherweise zeigt W^{180} eine α-Aktivität. Bei einigen anderen angereicherten Isotopen konnte die von PORSCHEN bestimmte untere Grenze für die Halbwertszeit heraufgesetzt werden. In der folgenden Tabelle sind die gefundenen Daten der untersuchten Isotope zusammengestellt.

Isotop	α-Energie MeV	Zerfallskonstante a^{-1}	Halbwertszeit a
Ce^{142}	1,5	$1{,}5 \cdot 10^{-16}$	$5{,}1 \cdot 10^{15}$
Nd^{143}	–		$> 2 \cdot 10^{17}$
Nd^{145}	–		$> 10^{17}$
Gd^{152}	1,8	$7 \cdot 10^{-16}$	10^{15}
Dy^{156}	–		$> 10^{18}$
Hf^{174}	2,47	$1{,}6 \cdot 10^{-16}$	$4{,}3 \cdot 10^{15}$
W^{180}	2,55	10^{-15}	$6 \cdot 10^{14}$
W^{183}	–		$> 3{,}3 \cdot 10^{17}$
Pt^{190}	3,3	$3{,}1 \cdot 10^{-13}$	$2{,}2 \cdot 10^{12}$
Pt^{192}	–		$> 6 \cdot 10^{16}$
Pb^{204}	2,6	$5 \cdot 10^{-18}$	$1{,}4 \cdot 10^{17}$

Mit diesen Werten kann die Systematik der α-Strahler im Massenbereich 140–210 ergänzt werden. In der Abb. 14 sind die Energien der ausgesandten α-Teilchen über den Massenzahlen aufgetragen. Die ausgefüllten Kreise kennzeichnen die Lage der in dieser Arbeit untersuchten Isotope, offene Kreise, die der künstlich hergestellten α-Strahler, mit Ausnahme von Nd^{144}, dessen α-Aktivität von PORSCHEN gefunden wurde, und Sm^{147}, das ebenfalls ein in der Natur vorkommender α-Strahler ist, wie auch das Hg^{196}, dessen α-Energie und von KOHMAN anläßlich eines Besuches in Bonn mitgeteilt wurde. Die Werte für die künstlichen Isotope wurden der Tabelle von STROMINGER, HOLLANDER und SEABORG [10] entnommen. Kreuze kennzeichnen α-Energien, die aus Massenwerten errechnet wurden. Die Massen (außer Blei) wurden der Tabelle von DUCKWORTH [7] entnommen. Für Blei wurde die von BENSON u. a. bestimmte Masse und für das α-Teilchen die Masse 4,00387 ME eingesetzt. Bei einigen dieser Energiewerten sind die Fehlergrenzen eingetragen. Innerhalb dieser Grenzen liegen die Isotope eines Elementes

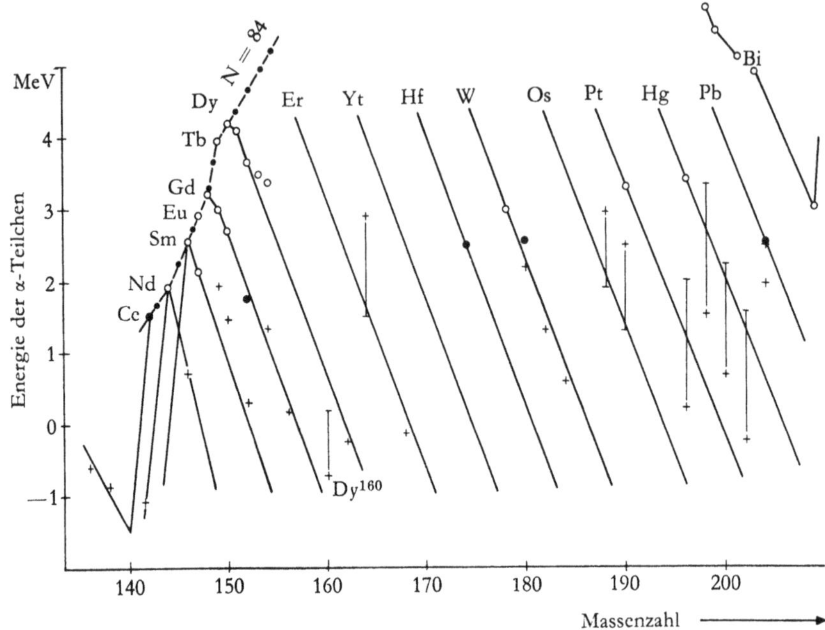

Abb. 14 α-Energien aufgetragen über Massenzahlen

auf geraden Linien, die annähernd in gleichen Abständen parallel zueinander verlaufen.

Das bedeutet, daß das Energietal im Bereich zwischen den leichten Seltenen Erden und Wismuth keine stärkere Verwerfung aufweist, wie es das Schalenmodell voraussagt. Eine Ausnahme bildet das Dy^{160}, dessen Massenwertdifferenz nicht auf der Isotopenlinie liegt und Dy^{156}, für das kein meßbarer α-Zerfall nachgewiesen werden konnte.

Ich möchte Herrn Professor Dr. W. Riezler an dieser Stelle meinen besonderen Dank für seine stete Förderung und sein Interesse am Fortgang dieser Arbeit sagen. Ferner danke ich dem Ministerium für Wirtschaft und Verkehr des Landes Nordrhein-Westfalen für die Bereitstellung der Mittel und Frau J. Althoff, Fräulein I. M. Franke und Fräulein H. Schlacht für die sorgfältige Durchmusterung der Kernplatten.

Gisela Kauw

Literaturverzeichnis

[1] PORSCHEN, W., und W. RIEZLER, Z. Naturforschg. 11a, 143 (1956).

[2] PORSCHEN, W., und W. RIEZLER, Forschungsbericht des Wirtschafts- und Verkehrsministerium Nordrhein-Westfalen Nr. 210.

[3] YAGODA, H., Radioactive measurements with nuclear emulsions. John Wiley and Sons, Inc., New York.

[4] FARAGGI, H., Ann. Phys., Paris, 6, 325 (1951).

[5] TOTH, K. S., und J. O. RASMUSSEN, Phys. Rev. 109, 121 (1958).

[6] TOTH, K. S., UCRL-Report 8192.

[7] DUCKWORTH, H. E., Progr. Nucl. Phys. 6, 138 (1957).

[8] BENSON, J. L., R. A. DAMEROW und R. R. RIES, Phys. Rev. 113, Nr. 4, 1105 (1959).

[9] KERR, T., und H. E. DUCKWORTH, Can. J. Phys. 36, 986 (1958).

[10] STROMINGER, D., J. M. HOLLANDER und G. T. SEABORG, Rev. Mod. Phys. Nr. 2, 30 (1958).

FORSCHUNGSBERICHTE DES LANDES NORDRHEIN-WESTFALEN

Herausgegeben im Auftrage des Ministerpräsidenten Dr. Franz Meyers
von Staatssekretär Prof. Dr. h. c. Dr.-Ing. E. h. Leo Brandt

PHYSIK

HEFT 10
Prof. Dr. Wilhelm Vogel, Köln
Das „Streifenpaar" als neues System zur mechanischen Vergroßerung kleiner Verschiebungen und seine technischen Anwendungsmöglichkeiten
1952. 12 Seiten, 6 Abb. DM 4,50

HEFT 62
Prof. Dr. W. Franz, Institut für theoretische Physik der Universität Münster
Berechnung des elektrischen Durchschlags durch feste und flüssige Isolatoren
1954. 26 Seiten. Vergriffen

HEFT 103
Prof. Dr. phil. Walter Weizel, Bonn
Durchführung von experimentellen Untersuchungen über den zeitlichen Ablauf von Funken in komprimierten Edelgasen sowie zu deren mathematischen Berechnung
1954. 32 Seiten, 12 Abb. DM 9,10

HEFT 104
Prof. Dr. phil. Walter Weizel, Bonn
Über den Einfluß der Elektroden auf die Eigenschaften von Cadmium-Sulfid-Widerstands-Photozellen
1954. 34 Seiten, 12 Abb. DM 9,45

HEFT 107
Prof. Dr. Heinrich Lange und Dipl.-Phys. P. St. Pütter, Institut für theoretische Physik der Universität Köln
Über die Konstruktion von Laboratoriumsmagneten
1955. 52 Seiten, 19 Abb., 1 Tabelle. DM 12,30

HEFT 122
Prof. Dr. phil. Walter Fuchs †, Aachen
Untersuchungen zur Verbesserung der Wasseraufbereitung und Wasseranalyse:
Über die Schnellbewertung von Ionenaustauschern
1954. 47 Seiten, 32 Abb. Vergriffen

HEFT 125
Prof. Dr. phil. Eugen Kappler, Münster
Eine neue Methode zur Bestimmung von Kondensations-Koeffizienten von Wasser
1955. 31 Seiten, 11 Abb., 1 Tabelle. DM 9,10

HEFT 141
Dr. phil. J. van Calker und Dr. rer. nat. R. Wienecke, Physikalisches Institut der Universität Münster
Untersuchungen über den Einfluß dritter Analysenpartner auf die spektrochemische Analyse
1955. 25 Seiten, 15 Abb. DM 9,10

HEFT 145
Dr. phil. G. Hennemann, Werdohl (Westf.)
Beitrag zur Interpretation der modernen Atomphysik
1955. 34 Seiten. DM 10,—

HEFT 148
Prof. Dr. phil. Heinz Bittel und Dipl.-Phys. L. Strom, Institut für Angewandte Physik der Universität Münster
Untersuchungen über Widerstandsrauschen
1955. 23 Seiten, 5 Abb. DM 8,40

HEFT 157
Dr. rer. nat. W. Jawtusch und Dr. rer. nat. G. Schuster und Prof. Dr.-Ing. Rudolf Jaeckel, Physikalisches Institut der Universität Bonn
Untersuchungen über die Stoßvorgänge zwischen neutralen Atomen und Molekülen
1955. 35 Seiten, 15 Abb., 3 Tabellen. DM 10,50

HEFT 169
Forschungsinstitut für Pigmente und Lacke, Stuttgart Leiter: Prof. Dr. rer. nat. Karl Hamann
Arbeiten über die Bestimmung des Gebrauchswertes von Lackfilmen durch physikalische Prüfungen
1955. 58 Seiten, 23 Abb., 4 Tabellen. DM 15,—

HEFT 174
Prof. Dr. phil. C. v. Fragstein, Dr. phil. J. Meingast und H. Koch, Physikalisches Institut der Universität Köln
Herstellung von Solen einheitlicher Teilchengröße und Ermittlung ihrer optischen Eigenschaften
1955. 47 Seiten, 80 Abb., 4 Tabellen. DM 18,25

HEFT 178
Prof. Dr. phil. Mark von Stackelberg und Dr. rer. nat. W. Hans, Bonn
Untersuchungen zur Ausarbeitung und Verbesserung von polarographischen Analysenmethoden
1955. 33 Seiten, 14 Abb. DM 10,50

HEFT 187
Dipl.-Ing. F. Göttgens, Gaswärme-Institut Langenberg/Rhld. Leiter: Prof. Dr.-Ing. Fritz Schuster
Über die Eigenarten der Bimetall-, Thermo- und Flammenionisationssicherungsmethode in ihrer Anwendung auf Zündsicherungen
1955. 28 Seiten, 6 Abb., 4 Tabellen. DM 8,40

HEFT 189
Fa. E. Leybold's Nachfolger, Köln
I. Ausgewählte Kapitel aus der Vakuumtechnik
II. Zum Verlust anorganisch-nichtflüchtiger Substanzen während der Gefriertrocknung
1955. 39 Seiten, 16 Abb., 3 Tabellen. DM 11,20

HEFT 194
Dr. phil. Karl Hecht, Köln
Entwicklung neuartiger physikalischer Unterrichtsgeräte
1955. 28 Seiten, 16 Abb. DM 9,90

HEFT 209
Dr. rer. nat. K. Bunge, Institut für Spektrochemie und angewandte Spektroskopie Dortmund
Materialabbau in Funkenentladungen. Untersuchungen an Zinkkathoden
1956. 43 Seiten, 10 Abb., 5 Tabellen. DM 11,40

HEFT 210
Dr. rer. nat. W. Porschen und Prof. Dr. phil. W. Riezler, Bonn
Langlebige Alphaaktivitäten bei natürlichen Elementen
1955. 25 Seiten, 5 Abb., 4 Tabellen. DM 8,80

HEFT 233
Dr. phil. nat. H. Haase, Hamburg
Infrarot-Bibliographie
1956. 80 Seiten. Vergriffen

HEFT 251
Prof. Dr. phil. Heinz Bittel, Institut für angewandte Physik der Universität Münster
Zur Statistik der ferromagnetischen Elementarvorgänge und ihren Einfluß auf das Barkhausenrauschen
1956. 41 Seiten, 14 Abb. DM 11,65

HEFT 259
Prof. Dr. habil. Werner Linke, Aachen
Strömungsvorgänge in künstlich belüfteten Räumen
1956. 41 Seiten, 37 Abb., 1 Tabelle. Vergriffen

HEFT 264
Prof. Dr. phil. Walter Weizel, Bonn
Durch schnelle Funkenzusammenbrüche ausgelöste Signale auf einer Leitung
1956. 15 Seiten, 4 Abb., 3 Tabellen. DM 6,10

HEFT 267
Prof. Dr. phil. Walter Weizel und Berthold Brandt, Bonn
Zur Stabilität stromstarker Glimmentladungen
1956. 25 Seiten, 7 Abb. DM 8,40

HEFT 299
Dr. rer. nat. Josef Fassbender und Werner Hoppe, Institut für theoretische Physik Bonn
Eine photoelektrische Nachlaufeinrichtung für Analogie-Rechenmaschinen
1956. 20 Seiten, 8 Abb. DM 7,65

HEFT 326
Prof. Dr.-Ing. Ernst Essers, Institut für Kraftfahrwesen der Rhein.-Westf. Technischen Hochschule Aachen unter Mitarbeit von Dr.-Ing. I. Essers und Dipl.-Ing. J. Klein
Deichselkräfte an Lastzügen
1957. 86 Seiten, 34 Abb. DM 22,10

HEFT 329
Dipl.-Ing. Arnold Krüger, Karlsruhe und Feuerwehr-Ing. Rudolf Radusch, Forschungsstelle für Feuerlöschtechnik an der Technischen Hochschule Karlsruhe
Wasserzerstäubung im Strahlrohr
1956. 78 Seiten, 21 Abb., 3 Tabellen. DM 18,65

HEFT 330
Dr.-Ing. Ernst Pepping, Aerodynamisches Institut der Rhein.-Westf. Technischen Hochschule Aachen
Leiter: Prof. Dr.-Ing. F. Seewald
Die Durchflußzahl des Rechteckschlitzes in einer sehr großen Wand
1957. 46 Seiten, 21 Abb. DM 12,35

HEFT 332
Prof. Dr.-Ing. Rudolf Jaeckel und Dr. rer. nat. G. Reich, Physikalisches Institut der Universität Bonn
Messung von Dampfdrücken im Gebiet unter 10^{-2} Torr
1956. 34 Seiten, 16 Abb., 2 Tabellen. DM 10,40

HEFT 334
Prof. Dr. phil. Walter Weizel und Dr. rer. nat. Gerhard Meister, Bonn
Spektralanalyse durch Messung des Interferenz-Kontrastes
1956. 29 Seiten, 8 Abb. DM 9,30

HEFT 335
Prof. Dr. phil. Walter Weizel und Hermann Hornberg, Institut für theoretische Physik der Universität Bonn
Untersuchungen der anodischen Teile einer Glimmentladung
1957. 49 Seiten, 21 Abb., 19 Farbabb., 1 Tabelle. DM 32,80

HEFT 341
Prof. Dr.-Ing. Helmut Winterhager und Dipl.-Ing. Leo Werner, Aachen
Präzisions-Meßverfahren zur Bestimmung des elektrischen Leitvermögens geschmolzener Salze
1956. 36 Seiten, 19 Abb., 1 Tabelle. DM 10,60

HEFT 344
Prof. Dr.-Ing. Wilhelm Fucks, Aachen
Zur Deutung einfachster mathematischer Sprachcharakteristiken
1956. 21 Seiten, 12 Abb. DM 7,80

HEFT 356
Dipl.-Phys. Gerhard Gurke, Physikalisches Institut der Rhein.-Westf. Technischen Hochschule Aachen
Leiter: Prof. Dr.-Ing. Wilhelm Fucks
Aufbau einer Meßanlage für Untersuchungen elektrischer Gasentladung im Bereiche großer p. d.-Werte
1956. 25 Seiten, 13 Abb., 1 Tabelle. DM 8,65

HEFT 357
Prof. Dr.-Ing. Wilhelm Fucks, Aachen
Mathematische Analyse der Formalstruktur von Musik
1958. 46 Seiten, 29 Abb., 16 Tabellen. DM 13,60

HEFT 361
Dipl.-Ing. Hans Friedrich Klein, Aerodynamisches Institut der Rhein.-Westf. Technischen Hochschule Aachen
Leitung: Prof. Dr.-Ing. F. Seewald
Die nichtstationären Strömungsvorgänge und der Wärmeübergang in einem Schwingfeuergerät
1957. 84 Seiten, 34 Abb., 4 Falttafeln. DM 25,90

HEFT 368
Prof. Dr. phil. Heinrich Kaiser, Institut für Spektrochemie und angewandte Spektroskopie Dortmund
Entwicklung betriebsmäßiger spektrochemischer Analysenverfahren für technische Gläser
1957. 29 Seiten, 11 Abb. DM 9,10

HEFT 369
Prof. Dr.-Ing. Rudolf Jaeckel und Dipl.-Phys. Franz Josef Schittko, Physikalisches Institut der Universität Bonn
Gasabgabe von Werkstoffen ins Vakuum
1957. 48 Seiten, 20 Abb., 6 Tabellen. DM 13,30

HEFT 375
Technischer Überwachungs-Verein e. V., Essen
Wanddickenmessungen mittels radioaktiver Strahlen und Zählrohrgerät
1958. 24 Seiten, 15 Abb. DM 9,55

HEFT 380
Dipl.-Phys. Rüdiger Trappenberg, Meteorologisches Institut der Technischen Hochschule Karlsruhe
Theoretische und experimentelle Untersuchungen zur Staubverteilung einer Rauchfahne
1957. 52 Seiten, 7 Abb., 18 Tabellen. DM 14,90

HEFT 386
Prof. Dr.-Ing. Herwart Opitz und Dipl.-Ing. Oskar Hake, Aachen
Standzeituntersuchungen und Verschleißmessungen mit radioaktiven Isotopen
1958. 36 Seiten, 33 Abb., 3 Tabellen. DM 12,75

HEFT 404
Prof. Dr. Rudolf Jaeckel und Dipl.-Phys. Franz Gross, Physikalisches Institut der Universität Bonn
Die Löslichkeit von Gasen in schwerflüchtigen organischen Flüssigkeiten
1957. 34 Seiten, 17 Abb., 1 Tabelle. DM 11,50

HEFT 415
Prof. Dr.-Ing. Wolfgang Paul, Dr. rer. nat. Otto Osberghaus und Dipl.-Phys. Erhardt Fischer, Physikalisches Institut der Universität Bonn
Ein Ionenkäfig
1958. 42 Seiten, 18 Abb., 2 Tabellen. DM 13,65

HEFT 419
Dipl.-Ing. Karlheinz Brocks, Mülheim (Ruhr)
Die Messungen der Reflexionseigenschaften künstlicher und natürlicher Materialien mit quasi-optischen Methoden bei Mikrowellen
1957. 76 Seiten, 52 Abb. DM 20,35

HEFT 420
Dipl.-Ing. Martin Vogel, Oberpfaffenhofen
Das Spektralgebiet zwischen dem langwelligen Ultrarot und den Mikrowellen. Stand der Technik und Entwicklungstendenzen
1957. 55 Seiten, 2 Abb. DM 13,50

HEFT 432
Dipl.-Phys. Dr. Rudolf Werz, Institut für Strahlen- und Kernphysik der Universität Bonn
Die Entwicklung einer Synchronzyklotron-Ionenquelle
1958. 109 Seiten, 90 Abb. 1 Tabelle. DM 30,30

HEFT 439
Prof. Dr. phil. Heinrich Lange, und Dipl.-Phys. Dr. rer. nat. Rudolf Kohlhaas, Institut für theoretische Physik der Universität Köln
Anwendung der thermomagnetischen Analyse zum Studium des Umwandlungsverhaltens von Eisenwerkstoffen im Temperaturbereich von —150 bis + 1500 Grad C
1958. 95 Seiten, 72 Abb., 2 Tabellen. DM 27,10

HEFT 443
Prof. Dr. phil. Walter Weizel und Karlheinz Kluth, Bonn
Über die Struktur der positiven Gleitentladungen
1957. 32 Seiten, 30 Abb. DM 12,20

HEFT 450

Prof. Dr.-Ing. Wolfgang Paul, und Dipl.-Phys. Hans Peter Reinhard, Physikalisches Institut der Universität Bonn

Das elektrische Massenfilter als Isotopentrenner

1958. 44 Seiten, 20 Abb. DM 13,50

HEFT 459

Prof. Dr. phil. Franz Wever, Dr. phil. Otto Krisement und Hanna Schädler, Max-Planck-Institut für Eisenforschung, Düsseldorf

Ein isothermes Mikrokalorimeter zur kinetischen Messung von Umwandlungs- und Ausscheidungsvorgängen in Legierungen

1957. 31 Seiten, 14 Abb. DM 10,75

HEFT 460

Prof. Dr. phil. Franz Wever und Dr. rer. nat. Bernhard Ilschner, Max-Planck-Institut für Eisenforschung, Düsseldorf

Ein isothermes Lösungskalorimeter zur Bestimmung thermo-dynamischer Zustandsgrößen von Legierungen

1957, 31 Seiten, 7 Abb., 4 Tabellen. DM 10,40

HEFT 502

Prof. Dr. Max Diem und Dr. Rüdiger Trappenberg, Meteorologisches Institut der Technischen Hochschule Karlsruhe

Berechnung der Ausbreitung von Staub und Gas

1957. 18 Seiten Text und 67 z. T. großformatige zweifarbige Diagramme. DM 37,30

HEFT 504

Prof. Dr. phil. Franz Wever, Dr. phil. Wilhelm Wink und Dr. rer. nat. Werner Jellinghaus, Max-Planck-Institut für Eisenforschung, Düsseldorf

Versuchsanordnung zur Messung der Suszeptibilität paramagnetischer Stoffe und Meßergebnisse an Nickel-Chrom- und Kobalt-Nickel-Chrom-Werkstoffen

1958. 26 Seiten, 10 Abb., 2 Tabellen. DM 9,95

HEFT 507

Prof. Dr. Heinrich Kaiser, Dortmund, Dr. Gerhard Bergmann und Priv.-Doz. Dr. Günter Kresze, Spektrochemie und angewandte Spektroskopie, Dortmund-Aplerbeck

Kartei zur Dokumentation in der Molekülspektroskopie

1958. 34 Seiten, 3 Abb., 6 Tabellen. DM 11,90

HEFT 510

Prof. Dr. rer. nat. Wilhelm Groth, Dr.-Ing. Konrad Bayerle, Dr. rer. nat. Hans Ihle, Dr. rer. nat. Alexander Murrenhoff, Erich Nann und Dr. rer. nat. Karl-Heinz Welge, Bonn

Anreicherung der Uranisotope nach dem Gaszentrifugenverfahren

1958. 76 Seiten, 43 Abb. DM 21,20

HEFT 516

Prof. Dr.-Ing. Harald Müller, Dipl.-Ing. Friedhelm Reinke und Dipl.-Ing. Wilhelm Sorgenicht, Elektrowärme-Institut Essen

Gesamtstrahlungsmessungen der Temperaturstrahlung

1958. 82 Seiten, 42 Abb. DM 22,80

HEFT 519

Prof. Dr. phil. Franz Wever, Dr. phil. Walter Koch und Dr. phil. Siegfried Eckhard, Max-Planck-Institut für Eisenforschung, Düsseldorf

Die spektrographische Bestimmung der Spurenelemente in Stahl ohne vorherige Abbrennung

1958. 36 Seiten, 22 Abb. DM 12,60

HEFT 527

Dr. rer. nat. Klaus Georg Müller, aus dem Institut der Forschungsgesellschaft Verfahrenstechnik e. V. an der Rhein.-Westf. Technischen Hochschule Aachen

Wärmeübertragung auf eine Flugstaubströmung im senkrechten Rohr sowie auf eine durchströmte Schüttgutschicht

1958. 74 Seiten, 34 Abb., 9 Tabellen. DM 20,70

HEFT 537

Dr.-Ing. Nikolaus Gössl, Frankfurt

Probleme der Zugförderung im Zusammenhang mit der Ausnützung der Atom-Energie

1958. 116 Seiten, 28 Abb., 12 Tabellen. DM 29,90

HEFT 548

Prof. Dr.-Ing. Karl Leist und Dr.-Ing. Joseph Weber, Institut für Turbomaschinen der Rhein.-Westf. Technischen Hochschule Aachen

Spannungsoptische Untersuchungen von Turbinenscheiben mit angefrästen und eingesetzten Schaufeln

1958. 28 Seiten, 28 Abb., 4 Tabellen. DM 8,30

HEFT 549

Dr.-Ing. Rolf Merten, Duisburg

Resonanzanpassung bei einem Tiefpaß

1958. 22 Seiten, 16 Abb. DM 9,—

HEFT 550

Dr. Hans Stephan, Bonn

Elektrisches Standhöhenmeßgerät für Flüssigkeiten

1958. 25 Seiten, 13 Abb., 2 Tabellen. DM 10,10

HEFT 551

Prof. Dr. phil. Walter Weizel und Dipl.-Phys. Berthold Brandt, Institut für theoretische Physik der Universität Bonn

Betriebsbedingungen einer stromstarken Glimmentladung

1958. 54 Seiten, 18 Abb. DM 16,—

HEFT 567

Dr. rer. nat. Kurt Sauerwein, Düsseldorf

Anwendungen radioaktiver Isotope in der Technik

1958. 74 Seiten, 33 Abb., 9 Tabellen. DM 19,60

HEFT 583
Prof. Dr. phil. Fritz Kirchner, Dipl.-Phys. Heinz Baron und Dipl.-Phys. Herbert Kirchner, Köln
Verwendbarkeit von Zählrohren zu massenspektrometrischen Untersuchungen
1958. 12 Seiten, 5 Abb. DM 6,70

HEFT 590
Übergabe des Synchro-Zyklotrons an das Institut für Strahlen- und Kernphysik der Universität Bonn am 8. Mai 1957
1958. 52 Seiten, 16 Abb. DM 16,50

HEFT 594
Prof. Dr. Alexander Nikuradse, Institut für Elektronen- und Ionenforschung, München
Energieabsorption von Atomkernstrahlen in organischen Stoffen und durch sie hervorgerufene Reaktionsprozesse
1958. 56 Seiten, 13 Abb., 2 Tabellen. DM 15,10

HEFT 595
Prof. Dr. Alexander Nikuradse und Dipl.-Phys. Karl Kugler, Institut für Elektronen- und Ionenforschung, München
Einfluß der molekularen bzw. atomaren Beschaffenheit der Festwandoberflächenschicht auf die Wechselwirkung zwischen auftretenden Gasmolekülen und der Wand
1958. 15 Seiten, 9 Abb. DM 8,40

HEFT 608
Prof. Dr. habil. Werner Linke und Dipl.-Ing. Werner Hufschmidt, Rhein.-Westf. Technische Hochschule Aachen
Wärmeübergang bei pulsierender Strömung
1958. 30 Seiten, 18 Abb. DM 9,—

HEFT 615
Prof. Dr. phil. Walter Weizel und Duk Hyun Whang, Institut für theoretische Physik der Universität Bonn
Stromverteilung auf der Kathode einer Glimmentladung in Spalten bei hohen Drücken und abseits stehender Anode
1958. 28 Seiten, 16 Abb. DM 8,80

HEFT 616
Prof. Dr. phil. Walter Weizel und Wolfgang Ohlendorf, Institut für theoretische Physik der Universität Bonn
Die Glimmentladung in spaltartigen Entladungsräumen
1958. 38 Seiten, 18 Abb. DM 10,70

HEFT 622
Prof. Dr. Walter Franz, Institut für theoretische Physik der Universität Münster
Theorie der Elektronenbeweglichkeit in Halbleitern
1958. 39 Seiten, 9 Abb. DM 10,80

HEFT 642
Dr.-Ing. Hans-Joachim Eckhardt, Elektrowärme-Institut Essen und Langenberg
Leiter: Prof. Dr.-Ing. Harald Müller
Die dielektrische Trocknung bei erniedrigtem Luftdruck mit Beiträgen zum physikalischen Verhalten der Mischkörper
1958. 65 Seiten, 5 Abb., 19 Beilagen. DM 17,10

HEFT 643
Max-Planck-Institut für Silikatforschung, Würzburg
Spannungsmessungen an Schleifkörpern
1958. 38 Seiten, 22 Abb. DM 11,70

HEFT 651
Dr.-Ing. Albrecht Eisenberg, Staatliches Materialprüfungsamt Dortmund
Versuche zur Körperschalldämmung in Gebäuden
1958. 26 Seiten, 20 Abb. DM 8,10

HEFT 652
Dr. phil. nat. H. Haase, Hamburg
Infrarot-Bibliographie II
1959. 42 Seiten. DM 11,—

HEFT 653
Prof. Dr. Karl Hamann und Dr. Werner Funke, Forschungsinstitut für Pigmente und Lacke Stuttgart
Die Schutzwirkung organischer Inhibitoren in wäßriger Lösung gegenüber Eisen
1958. 72 Seiten, 31 Abb. DM 18,70

HEFT 656
Prof. Dr. Ernst Jenckel und Dr. Helmuth Huhn, Institut für theoretische Hüttenkunde und physikalische Chemie der Rhein.-Westf. Technischen Hochschule Aachen
Das Verkleben von Aluminium mit carboxylsubstituierten Polystrolen
1958. 42 Seiten, 16 Abb., 3 Tabellen. DM 11,60

HEFT 657
Prof. Dr. phil. Walter Weizel und Dr. Helmut Herrmann, Institut für theoretische Physik der Universität Bonn
Glimmentladungen an festen nichtmetallischen Elektroden
1959. 13 Seiten, 2 Abb., 1 Tabelle. DM 5,—

HEFT 662
Prof. Dr. phil. Heinrich Lange und Dr. rer. nat. Rudolf Kohlhaus, Institut für theoretische Physik der Universität Koln
Über die Konstruktion von Laboratoriumsmagneten
2. Teil: Technische Ausführung verschiedener Magnettypen
1958. 29 Seiten, 20 Abb., 3 Tabellen. DM 9,80

HEFT 683
Prof. Dr.-Ing. Rudolf Jaeckel und Dr. rer. nat. Horst Kutscher, Physikalisches Institut der Universität Bonn
Das Verhalten von Überschallströmungen bei Drücken unter 1 Torr
1959. 61 Seiten, 43 Abb., 12 Farbtafeln. DM 50,—

HEFT 684
Prof. Dr. sc. techn. Fritz Schultz-Grunow und Dr.-Ing. Hansgeorg Hein, Rhein.-Westf. Technische Hochschule Aachen
Theoretische und experimentelle Beiträge zur Grenzschichtströmung
1959. 65 Seiten, 49 Abb., 1 Tabelle. DM 19,—

HEFT 687
Prof. Dr. Eugen Kappler, Dr. Heinrich Frinken und cand. phys. Josef Vanheiden, Physikalisches Institut der Universität Münster
Teil I: Das elastische Verhalten der Metalle beim Zugversuch im Bereich der plastischen Verformung.
Teil II: Untersuchungen über das elastische Verhalten metallischer Werkstoffe im Bereich der plastischen Verformung beim Brinellschen Kugeldruckversuch
1959. 55 Seiten, 42 Abb. DM 15,30

HEFT 696
Dr. rer. ant. Hans Ehrenberg und Dipl.-Phys. Hans-Josef Mürtz, Physikalisches Institut der Universität Bonn
Massenspektrometrische Untersuchungen an Bleierzen
1959. 31 Seiten, 12 Abb., 2 Tabellen. DM 9,40

HEFT 717
Prof. Dr. phil. Walter Franz, Institut für theoretische Physik der Universität Münster
Leitungsvorgänge in Halbleitern anisotroper Struktur
1959. 29 Seiten, 9 Abb., 2 Tabellen. DM 8,80

HEFT 719
Prof. Dr. phil. Heinrich Lange und Dr. rer. nat. Wolfgang Habbel, Institut für theoretische Physik der Universität Köln
Das spannungsoptische Bild von Stoßwellen in der elastischen Halbebene in Abhängigkeit von der Stoßdauer und der Stoßgeschwindigkeit
1959. 52 Seiten, 46 Abb. DM 35,20

HEFT 724
Prof. Dr. Gottfried Eckart, Dr. Friedrich Gimmel, Thilo Conrady und Bernd Scherer, Institut für angewandte Physik und Elektrotechnik der Universität des Saarlandes, Saarbrücken
Sonderfragen bei Breitband-Schlitzantennen
1959. 32 Seiten, 3 Abb., 4 Kurvenblätter. DM 9,40

HEFT 735
Dipl.-Ing. Robert Lüttmann, Gaswärme-Institut Essen-Steele
Wissenschaftliche Leitung: Prof. Dr.-Ing. Fritz Schuster
Wärmeaustausch bei durch Anwendung von Sintermetallen verschiedenartig ausgeführten Wärmeübertragungsflächen
1959. 27 Seiten, 13 Abb. DM 8,80

HEFT 752
Prof. Dr. phil. Walter Weizel und Dipl.-Phys. Dr. Hermann Hornberg, Institut für theoretische Physik der Universität Bonn
Glimmentladungssäulen ohne Wandeinflüsse
1959. 52 Seiten, 53 Abb. DM 41,—

HEFT 753
Prof. Dr. Ernst Jenckel und Dr. Karl-Heinz Illers, Institut für theoretische Hüttenkunde und physikalische Chemie der Rhein.-Westf. Technischen Hochschule Aachen
Mechanische Relaxationserscheinungen in vernetztem und gequollenem Polystrol
1959. 92 Seiten, 49 Abb. DM 24,80

HEFT 759
Dr. Curt Brunnée und Dr. Ludolf Jenckel, Bremen
Untersuchung und Verbesserung des Störuntergrundes im Massenspektrometer
1959. 59 Seiten, 36 Abb. DM 17,70

HEFT 760
Dipl.-Phys. Bruno Franzen, Prof. Dr.-Ing. Wilhelm Fucks und Prof. Dr. phil. Georg Schmitz, Physikalisches Institut der Rhein.-Westf. Technischen Hochschule Aachen
Vergleich von Korona- und Hitzdrahtanemometer durch Messung von Turbulenzspektren
1959. 70 Seiten, 49 Abb. DM 19,90

HEFT 779
Prof. Dr.-Ing. Felix Eisele und Dipl.-Phys. Dietrich Löbell
Versuchsfeld für Werkzeugmaschinen, Technische Hochschule München
Untersuchungen der kennzeichnenden Eigenschaften von Meßuhren und Feinzeigern
1959. 106 Seiten, 67 Abb. DM 29,20

HEFT 797
Prof. Dr. phil. Heinrich Lange und Dr. rer. nat. Rudolf Kohlhaas, Institut für theoretische Physik der Universität Köln
Über die wahre spezifische Wärme von Eisen, Nickel und Chrom bei hohen Temperaturen.
Neue Verfahren zur Messung der wahren spezifischen Wärme von Metallen bei hohen Temperaturen
1960. 115 Seiten, 38 Abb., 24 Tabellen. DM 31,20

HEFT 829
Dr. Hans Strack, Institut für theoretische Physik der Universität Bonn
Glimmentladung im Inneren eines kathodischen Rohres
1960. 34 Seiten, 16 Abb. DM 10,30

HEFT 832
Prof. Dr. Günter Ecker, Dietrich Voslamber, Institut für theoretische Physik der Universität Bonn
Die Impulsstreuungsmomente in kollektiven Gesamtheiten
1960. 49 Seiten, 4 Abb. DM 15,10

HEFT 836
Dipl.-Met. Heinrich Borchardt, Essen
Physikalisch-technische Grundlagen der meteorologischen Anwendung von Radar nach Erfahrungen mit der Wetterradaranlage des Institutes für Mikrowellen in der Deutschen Versuchsanstalt für Luftfahrt e. V., Mülheim/Ruhr
1960. 139 Seiten, 59 Abb., 4 Tabellen, 4 Tafeln, 5 Bildserien. DM 39,90

HEFT 853
Prof. Dr. phil. Walter Weizel und Dr. rer. nat. Gerhard Albrecht, Institut für theoretische Physik der Universität Bonn
Glimmentladungssäulen ohne Wand bei höheren Drucken
1960. 35 Seiten, 19 Abb. DM 19,90

HEFT 857
Prof. Dr. phil. Walter Weizel und Dipl.-Phys. Friedrich Laube, Institut für theoretische Physik der Universität Bonn
Schichten im Faradayschen Dunkelraum der Glimmentladung und elektrochemische Eigenschaften des Entladungsgases
1960. 72 Seiten, 47 Abb. DM 49,80

HEFT 862
Dipl.-Phys. Wilhelm Gerke, Institut für theoretische Physik der Universität Bonn
Drehstromglimmentladung im Stickstoff
1960. 39 Seiten, 22 Abb., 2 Tabellen. DM 12,50

HEFT 871
Prof. Dr. phil. Walter Weizel und Dr. Helmut Herrmann, Institut für Glimmentladungsforschung Köln
Betriebsbedingungen einer Glimmentladung in aggressiven Gasen
1960. 26 Seiten, 14 Abb. DM 14,—

HEFT 872
Prof. Dr. phil. Walter Weizel und Dipl.-Phys. Herrmann Franke, Institut für theoretische Physik der Universität Bonn
Untersuchungen an strömenden Stickstoffnachleuchtplasmen einer positiven Säule
1960. 53 Seiten, 24 Abb. DM 16,20

HEFT 904
Dr.-Ing. Otto Adam, Forschungsinstitut für Verfahrenstechnik GVT an der Rhein.-Westf. Technischen Hochschule Aachen
Untersuchung über die Vorgänge in feststoffbeladenen Gasströmen
1960. 165 Seiten, 86 Abb., 3 Tabellen. DM 48,20

HEFT 926
Prof. Dr.-Ing. Helmut Wolf und Dr.-Ing. Siegfried Heitz, Institut für theoretische Geodäsie der Universität Bonn
Zeitliche Schwerkraft-Änderungen in ihrer Bedeutung für die praktische Gravimetrie
1961. 70 Seiten, 14 Abb. DM 20,20

HEFT 933
Dipl.-Ing. Klaus Stamm, Laboratorium für Ultraschall an der Rhein.-Westf. Technischen Hochschule Aachen
Die Vernebelung schmelzbarer Festkörper mit Ultraschall
1960. 24 Seiten, 21 Abb. DM 9,20

HEFT 944
Dipl.-Phys. Günter Waidmann, Gesellschaft zur Förderung der Glimmentladungsforschung e. V., Köln
Nitrierung dünner Stahlschichten mit Hilfe einer Glimmentladung
1961. 50 Seiten, 31 Abb., 2 Tabellen. DM 16,30

HEFT 975
Prof. Dr. Albert Narath, Institut für angewandte Photochemie und Filmtechnik der Technischen Universität Berlin
Über die Herstellung von Kernspuremulsionen
1961. 36 Seiten, 10 Abb., 1 Tabelle. DM 11,50

HEFT 976
Dipl.-Phys. Horst Küppers, Institut für theoretische Physik der Universität Köln
Die Untersuchung der Ausbreitung von Stoßwellen in Platten auf schlierenoptischem und spannungsoptischem Wege
1961. 61 Seiten, 77 Abb., 5 Tabellen. DM 44,60

HEFT 983
Prof. Dr.-Ing. Paul Hadlatsch, Aerodynamisches Institut der Rhein.-Westf. Technischen Hochschule Aachen
Berechnung der Druckwellen in Brennstoffeinspritzsystemen und in hydraulischen Ventilsteuerungen
1961. 107 Seiten, 31 Abb., 2 Tabellen. DM 33,90

HEFT 985
Dr. Hans Strack, Gesellschaft zur Förderung der Glimmentladungsforschung e. V., Köln
Temperaturmessung in Glimmentladungen
1962. 44 Seiten, 18 Abb. DM 14,30

HEFT 986
Dr.-Ing. Jameel Ahmad Khan, Aerodynamisches Institut der Rhein.-Westf. Technischen Hochschule Aachen
Untersuchungen zur instationären Strömung durch unstetige Querschnittsänderungen in Druckleitungen von Einspritzsystemen
1961. 76 Seiten, 47 Abb., 1 Tabelle. DM 28,60

HEFT 987
Dr.-Ing. Wilhelm Bosch, Aerodynamisches Institut der Rhein.-Westf. Technischen Hochschule Aachen
Untersuchungen zur instationären reibenden Strömung in Druckleitungen von Einspritzsystemen
1961. 55 Seiten, 37 Abb. DM 20,—

HEFT 988

Dr.-Ing. Werner Wilhelm und Dipl.-Ing. Rudolf Jürgler, Aerodynamisches Institut der Rhein.-Westf. Technischen Hochschule Aachen

Nichtstationäre, eindimensionale und reibungsfreie Gasströmung schwach kompressibler Medien in Rohren mit einigen unstetigen Querschnittsänderungen

1961. 69 Seiten, 17 Abb. DM 21,50

HEFT 989

Dr.-Ing. Werner Wilhelm, Aerodynamisches Institut der Rhein.-Westf. Technischen Hochschule Aachen

Einfluß der Spülkanalabmessungen auf den Ladungswechsel kurbelkastengespülter Zweitakt-Motoren

1961. 99 Seiten, 37 Abb., 16 Tabellen. DM 35,30

HEFT 990

Dr.-Ing. Frieder Voigt, Aerodynamisches Institut der Rhein.-Westf. Technischen Hochschule Aachen

Vorgänge beim Start einer Überschallströmung

1961. 36 Seiten, 32 Seiten Bildanhang. DM 23,20

HEFT 991

Dipl.-Ing. Werner Preukschat, Aerodynamisches Institut der Rhein.-Westf. Technischen Hochschule Aachen

Beschreibung eines Druckmeßgerätes, das zur Messung geringer Druckschwankungen bei hohen Frequenzen geeignet ist

1961. 22 Seiten, 14 Abb., 2 Tabellen. DM 8,80

HEFT 1001

Dipl.-Phys. Günter Langner, Institut für Elektronenmikroskopie an der Medizinischen Akademie Düsseldorf Direktor: Prof. Dr. med. H. Ruska

Die Informationsübertragung bei der Mikroskopie mit Röntgenstrahlen

1961. 125 Seiten, 7 Abb. DM 37,—

HEFT 1013

Prof. Dr. phil. Heinrich Lange und Dr. rer. nat. Karl Heinz Schmidt, Institut für theoretische Physik der Universität Köln

Theoretische und experimentelle Untersuchung der Strahlengeometrie bei Texturgonoimetern

1961. 119 Seiten, 52 Abb. DM 38,30

HEFT 1014

Prof. Dr. phil. Heinrich Lange und Dr.-Ing. Ernst Müller, Institut für theoretische Physik der Universität Köln

Verfahren zur Bestimmung der Gleich- und Wechselfeldmagnetisierung kleiner Proben. Untersuchungen im System der Nickel-Zink-Ferrite

1961. 89 Seiten, 20 Abb., 34 Tabellen. DM 37,20

HEFT 1034

Dipl.-Phys. Bernd Klüser, Institut für theoretische Physik der Universität Bonn

Aufteilung der Entladungsenergie auf die Elektronen einer Glimmentladung

1961. 33 Seiten, 21 Abb. DM 12,60

HEFT 1038

Dipl.-Phys. Hasso Wichmann und Prof. Dr. phil. Walter Weizel, Gesellschaft zur Förderung der Glimmentladungsforschung e. V., Institut Köln

Der Einfluß der Glimmentladung auf die Permeation von Gasen durch Metalle

1961. 57 Seiten, 28 Abb., 11 Skizzen, 2 Tabellen. DM 22,80

HEFT 1062

Dr.-Ing. Heinrich Pfeiffer, Aerodynamisches Institut der Rhein.-Westf. Technischen Hochschule Aachen

Strömungsuntersuchungen an Kreiszylindern bei hohen Geschwindigkeiten

1962. 73 Seiten, 53 Abb. DM 26,—

HEFT 1074

Prof. Dr. rer. techn. Fritz Reutter und Dr. rer. nat. Gerhard Patzelt, Institut für Geometrie und praktische Mathematik der Rhein.-Westf. Technischen Hochschule Aachen

Mathematische Behandlung einer angenäherten quasilinearen Potentialgleichung der ebenen kompressiblen Strömung

1962. 87 Seiten, 15 Abb., 10 Tabellen. DM 53,—

HEFT 1080

Prof. Dr.-Ing. Ludolf Engel, Bergakademie Clausthal, Clausthal-Zellerfeld

Theorie der handgeführten schlagenden Druckluftwerkzeuge und experimentelle Untersuchungen insbesondere an Abbauhämmern im normalen und abnormalen Betrieb

1962. 86 Seiten, 53 Abb., 4 Tabellen. DM 39,—

HEFT 1098

Dr. Gerhard Albrecht und Prof. Dr. Günter Ecker, Institut für theoretische Physik der Universität Bonn

Die positive Säule unter dem Einfluß negativer Ionen

1962. 21 Seiten, 5 Abb. DM 11,80

HEFT 1104

Dr. rer. nat. Rudolf Kohlhaas und Dipl.-Phys. Martin Braun, Institut für theoretische Physik der Universität Köln

Die grundlegenden kalorimetrischen Auswertemethoden. Herleitung der thermodynamischen Funktionen des reinen Eisens auf Grund von Messungen an einem Eisen-Mangan-System nach dem Verfahren der verzögerten Mischkalorimetrie

1962. 109 Seiten, 29 Abb., 3 Zahlentafeln. DM 59,—

HEFT 1105

Prof. Dr. phil. Heinrich Lange und Dr. rer. nat. Franz Josef In der Smitten, Institut für theoretische Physik der Universität Köln

Untersuchungen über das magnetische Verhalten dünner Schichten von γ—Fe^2O^3 bei kurzzeitiger Feldeinwirkung

1962. 68 Seiten, 29 Abb. DM 30,20

HEFT 1107
Dipl.-Phys. Paul Thoms, Institut für theoretische Physik der Universität Bonn
Leuchtende Schichten im Faradayschen Dunkelraum der Glimmentladung in Brom-Argon-Gemischen
1962. 34 Seiten, 12 Abb., 8 Tabellen. DM 14,80

HEFT 1124
Prof. Dr. Günter Ecker und cand. phys. Walter Kröll, Dipl.-Phys. Oswald Zöller, Institut für theoretische Physik der Universität Bonn
Fehlerabschätzung für Messungen mit magnetischen Sonden
1962. 24 Seiten, 8 Abb., 31 Tabellen. DM 12,—

HEFT 1144
Prof. Dr. phil. Heinz Bittel und
Dr. rer. nat. Karl August Hempel, Institut für angewandte Physik der Universität Münster
Untersuchungen zur ferrimagnetischen Resonanz an Ferriten bei 10 und 24 GHz
1963. 27 Seiten, 8 Abb., 3 Tabellen. DM 12,20

HEFT 1163
Prof. Dr. phil. Heinz Bittel, Institut für angewandte Physik der Universität Münster
Untersuchungen über das Rauschen strombelasteter Leiter
1963. 23 Seiten, 1 Abb., 3 Tabellen. DM 11,—

HEFT 1168
Dr. rer. nat. Dipl.-Chem. Max Friedrich, Forschungsstelle für Brandschutztechnik an der Technischen Hochschule Karlsruhe
Untersuchungen über das Verhalten und die Wirkungsweise verschiedener Trockenlöschmittel
1963. 53 Seiten, 22 Abb., 2 Tabellen. DM 24,80

HEFT 1175
Dipl.-Math. Klaus-Dieter Becker und
Dr. rer. nat. Erhard Meister, Universität Saarbrücken
Beitrag zur Theorie des Strahlungsfeldes dielektrischer Antennen
1963. 43 Seiten, 4 Abb. DM 29,80

HEFT 1176
Dipl.-Phys. Alexander Wasiljeff, Universität Saarbrücken
Breitbandimpedanzstudien an Ringschlitzantennen im cm-Wellenbereich
1963. 69 Seiten, 57Abb. DM 45,80

HEFT 1183
Prof. Dr.-Ing. Eduard Pestel, Institut für Mechanik der Technischen Hochschule Hannover
Strömungstechnische Untersuchungen von Staubniederschlagmeßgeräten
1963. 56 Seiten, 52 Abb., 6 Tabellen. DM 29,—

HEFT 1220
Dipl.-Phys. Walter Hermsen und
Dr. phil. Friedrich Kuhn, Staatliches Materialprüfungsamt Nordrhein-Westfalen in Dortmund
Leiter : Prof. Dr.-Ing. habil. Wilhelm Bischof
Untersuchungen über die Verhinderung von Randüberstrahlungen in Röntgenbildern durch Vorfilterung der Röntgenstrahlen
1963. 25 Seiten, 14 Abb., 2 Tabellen. DM 13,80

HEFT 1221
Prof. Dr. Günter Ecker und cand. phys. Walter Kröll, Institut für theoretische Physik der Universität Bonn
Erniedrigung der Ionisierungsenergie in einem Plasma *1963. 29 Seiten, 2 Abb. DM 10,—*

HEFT 1270
Dr. Gisela Eckert-Reese, Forschungsinstitut der Gesellschaft zur Förderung der Glimmentladungsforschung e. V., Köln
Direktor : Prof. Dr. G. Schmid
Der Druckverbreiterungseffekt und die IR-spektrographische Analyse von Gasen
1965. 27 Seiten, 21 Abb., 3 Tabellen. DM 22,80

HEFT 1271
Dipl.-Ing. Alfred F. Steinegger, Forschungsinstitut der Gesellschaft zur Förderung der Glimmentladungsforschung e.V., Köln
Die systematische Erfassung von Versuchsergebnissen und Literaturstellen bei der Behandlung von Metalloberflächen
1964. 44 Seiten, 2 Abb. DM 20,—

HEFT 1290
Dr. rer. nat. Wolf-Dietrich Meisel, Rheinisch-Westfälisches Institut für Instrumentelle Mathematik, Bonn
Zur Simulation einer digitalen Integrieranlage mittels eines elektronischen Rechenautomaten
1963. 29 Seiten. DM 9,90

HEFT 1293
Prof. Dr. phil. Heinrich Lange und
Dr. rer. nat. Peter Janesch, Institut für theoretische Physik der Universität Köln
Die Magnetostriktion in Abhängigkeit von der Magnetisierung
1964. 68 Seiten, 51 Abb., 2 Tabellen. DM 36,50

HEFT 1308
Dipl.-Math. Heinz Ober-Kassebaum, Rheinisch-Westfälisches Institut für Instrumentelle Mathematik, Bonn
Über die P-Seperation der Schrödlinger-Gleichung und der Laplace-Gleichung in Riemannschen Räumen *1964. 68 Seiten. DM 42,50*

HEFT 1390
Prof. Dr. Rudolf Jaeckel und Dipl.-Phys. Ernst Teloy, Physikalisches Institut der Universität Bonn
Gasaufzehrung durch Anregung metastabiler Zustände *1964. 39 Seiten, 13 Abb. DM 20,—*

HEFT 1400
Dirk Offermann und Ulf von Zahn, Physikalisches Institut der Universität Bonn
Studie über ein Massenfilter zur Anwendung in Raketen und Satelliten
1964. 45 Seiten, 28 Abb., 2 Tabellen. DM 28,—

HEFT 1407
Marcel Beiner, Aus dem Institut für Theoretische Kernphysik der Universität Bonn
Separationsenergien und mittleres phänomenologisches Potential der Atomkerne
1964. 67 Seiten, 24 Abb. DM 54,—

HEFT 1408
Prof. Dr. Hans Israël, Dozentur für Geophysik und Meteorologie an der Rhein.-Westf. Technischen Hochschule, Aachen,
Probleme der Gewitterforschung: I. Das Gewitter in heutiger Sicht
1964. 60 Seiten, 22 Abb. DM 29,50

HEFT 1422
Dr. rer. nat. Dieter Schütte, Institut für theoretische Kernphysik der Universität Bonn
Eine Erweiterung des Schalenmodells zur Beschreibung Alkali-ähnlicher Strukturen
1964. 69 Seiten, 5 Abb. DM 46,—

HEFT 1452
Prof. Dr.-Ing. Rudolf Jaeckel † und Günter Müschenborn, Institut für angewandte Physik der Universität Bonn
Untersuchungen der thermischen Entgasung von Metallen im Ultrahochvakuum mit Hilfe eines Omegatron-Partialdruckvakuummeters
1965. 50 Seiten, 28 Abb., 8 Tabellen. DM 34,—

HEFT 1500
Dipl.-Phys. Johannes Kanne, Insitut für Theoretische Physik der Universität Bonn
Stromdurchgang durch ein Verbrennungsplasma
1965. 31 Seiten, 9 Abb., DM 16,—

HEFT 1501
Jorge Garcia Ruffinatti, Institut für Theoretische Physik der Universität Bonn
Die Plasmaströmung entlang einer halbunendlich ausgedehnten ebenen Wand im transversalen Magnetfeld
1965. 78 Seiten, 12 Abb. DM 53,70

HEFT 1518
Obering. Dipl.-Phys. Karl-Heinz Lindackers und Dipl.-Phys. Manfred Tscherner, Technischer Überwachungs-Verein Rheinland e. V., Köln
Untersuchung verschiedener Methoden zur Bestimmung der Radioaktivität der Luft
1965. 60 Seiten, 12 Abb., 8 Tabellen. DM 29,80

HEFT 1542
Prof. Dr. phil. Heinrich Lange, Dr. rer. nat. Siegfried Müller, Institut für theoretische Physik der Universität Köln, Abteilung für Metallphysik, Köln
Ferromagnetismus und Atomabstand in Nickel und Eisen
1965. 69 Seiten, 32 Abb., 3 Tabellen. DM 35,—

HEFT 1547
Dr. Toni Hochmuth, Institut für theoretische Physik der Universität Bonn
Direktor: Prof. Dr. W. Weizel
Der Batterieeffekt in Hochfrequenzentladungen
1965. 51 Seiten, 19 Abb., 3 Tabellen. DM 26,—

HEFT 1548
Dipl.-Ing. Alfred F. Steinegger, Dipl.-Ing. Siegfried Jentzsch, Forschungsinstitut der Gesellschaft zur Förderung der Glimmentladungsforschung e. V. Köln
Direktor: Prof. Dr. Gerhard Schmid
Der Einfluß der Wasserstoffvorbehandlung auf das Ionitrieren von Stahl
1965. 35 Seiten, 26 Abb., 7 Tabellen. DM 24,80

HEFT 1554
Dr. Hans-Werner Eckert und Dr. Giesela Eckert-Reese, Forschungsinstitut der Gesellschaft zur Förderung der Glimmentladungsforschung e. V. Köln
Direktor: Prof. Dr. Gerhard Schmid
Über das Verhalten von Kohlenwasserstoffen in elektrischen Entladungen
In Vorbereitung

HEFT 1555
Dr. rer. nat. Joachim Kölbel, Forschungsinstitut der Gesellschaft zur Förderung der Glimmentladungsforschung e.V. Köln
Direktor: Prof. Dr. Gerhard Schmid
Die Nitridschichtbildung bei der Glimmnitrierung
1965. 19 Seiten, 3 Abb., 2 Tabellen. DM 10,50

HEFT 1566
Dr. phil. Karl Schmitz-Moormann, Münster
Das Weltbild Teilhard de Chardin's I.
Untersuchungen zur Terminologie Teilhard de Chardin's
In Vorbereitung

HEFT 1570
Prof. Dr. Hans Israel und Dr. G. Ries,
Dozentur für Geophysik und Meteorologie an der Rhein.-Westf. Techn. Hochschule Aachen
Probleme der Gewitterforschung
II. Anwendungen in Wissenschaft und Praxis

HEFT 1605
Prof. Dr. Karl Jasmund und Dr. Heinz Lange
Mineralogisch-Petrographisches Institut der Universität Köln
Adsorption und Selektivität an Na-, K- und Ca-Kaoliniten und K-, Ca-Montmorilloniten mit radioaktiv merkiertem Rubidium, Eäsium und Kobalt
In Vorbereitung

HEFT 1618
Dr. Hans Joachim Kölbel
Forschungsinstitut der Gesellschaft zur Förderung der Glimmentladungsforschung e. V., Köln
Direktor: Prof. Dr. Martin Schmeißer
Strom-Spannungs-Kennlinien von Niederdruck-Glimmentladungen hoher Stromdichte für Brennspannungen bis 5 kV
1966. 25 Seiten, 15 Abb. DM 17,80

HEFT 1640
Gisela Kauw,
Institut für Strahlen- und Kernphysik der Universität Bonn
Direktor: Prof. Dr. W. Riezler †
Untersuchungen an angereicherten Isotopen auf natürliche Alphastrahlung *In Vorbereitung*

HEFT 1641
Konrad Kopitzki,
Institut für Strahlen- und Kernphysik der Universität Bonn
Direktor: Prof. Dr. W. Riezler †
Ausgezeichnete Stoßfolgen in Metallen
Ihre experimentelle Untersuchung mit Hilfe der Kathodenzerstäubung *In Vorbereitung*

HEFT 1643
Dipl.-Phys. Dietrich Bachner,
Dipl.-Phys. Winfried Koelzer und
Dipl.-Phys. Dr. Dietrich Müller,
Institut für Angewandte Physik der Universität Bonn
Untersuchungen über die Kondensation verschiedener Gase *In Vorbereitung*

HEFT 1650
Prof. Dr. Heinrich Kaiser, Dr. Fritz Aulinger,
Dr. Wilm Reerink und Dipl.-Ing. Wolfgang Riepe,
Institut für Spektrochemie und angewandte Spektroskopie, Dortmund
Festkörperanalysen mit dem Massenspektrometer
In Vorbereitung

HEFT 1663
Prof. Dr. phil. Heinz Bittel und
Dr. rer. nat. Christoph Heiden,
Institut für Angewandte Physik der Universität Münster
Kopplungserscheinungen zwischen ferromagnetischen Elementarprozessen *In Vorbereitung*

HEFT 1672
Prof. Dr. Erich Huster, Dr. H. G. Franke,
Dipl.-Phys. O. Krafft und Dipl.-Phys. K. H. Rohe,
Institut für Kernphysik der Universität Münster
Untersuchungen zum Entladungsmechanismus von selbstlöschenden Geiger-Müller-Zählrohren
In Vorbereitung

HEFT 1695
Dr. rer. nat. Dietrich Meinhardt, Max-Planck-Institut für Eisenforschung, Düsseldorf
Strukturbestimmung durch Kernstreuung und magnetische Streuung thermischer Neutronen
In Vorbereitung

HEFT 1709
Prof. Dr. Reimar Pohlman und Dipl.-Ing. Dieter Davidts, Laboratorium für Ultraschall der Rhein.-Westf. Technischen Hochschule Aachen
Verfahren der Äquidensitometrie im Hinblick auf die quantitative Auswertung schalloptischer Abbildungen *In Vorbereitung*

HEFT 1710
Dipl.-Math. Dipl.-Phys. Norbert Latz, Institut für angewandte Physik und Elektrotechnik der Universität des Saarlandes
Direktor: Prof. Dr. G. Eckart
Untersuchungen über ebene Beugungsprobleme elektromagnetischer Wellen für rechtwinklig-keilförmige Gebiete. Ein Beitrag zur Theorie des Strahlungsfeldes dielektrischer Antennen
Joachim Ehrhardt, Institut für Angewandte Physik und Elektrotechnik der Universität des Saarlandes, Saarbrücken
Direktor: Prof. Dr. G. Eckart
In Verbindung mit der Deutschen Gesellschaft für Ortung und Navigation e.V., Düsseldorf
Untersuchungen an dielektrischen Stielstrahlern uber den Einfluß der Strahlungskoppelung auf deren Fußpunktsimpedanz
In Vorbereitung

HEFT 1729
Prof. Dr. Dr. h. c. Heinz Bittel, Institut für Angewandte Physik der Universität Münster
Untersuchungen über das Abmagnetisieren ferromagnetischer Proben
In Vorbereitung

HEFT 1730
Josef Lauter, Erstes Physikalisches Institut der Rhein.-Westf. Technischen Hochschule Aachen
Direktor: Prof. Dr.-Ing. W. Fucks
Untersuchungen zur Sprache von Kants »Kritik der reinen Vernunft«
In Vorbereitung

HEFT 1743
Dr.-Ing. Alfred F. Steinegger und Dipl.-Ing. Siegfried Jentzsch, Gesellschaft zur Forderung der Glimmentladungsforschung e. V., Köln
Direktor: Prof. Dr. Martin Schmeisser
Das Verhalten ionitrierter Oberflächen beim statischen Torsionsversuch
In Vorbereitung

WESTDEUTSCHER VERLAG · KÖLN UND OPLADEN
567 Opladen/Rhld., Ophovener Straße 1–3

GPSR Compliance
The European Union's (EU) General Product Safety Regulation (GPSR) is a set of rules that requires consumer products to be safe and our obligations to ensure this.

If you have any concerns about our products, you can contact us on

ProductSafety@springernature.com

In case Publisher is established outside the EU, the EU authorized representative is:

Springer Nature Customer Service Center GmbH
Europaplatz 3
69115 Heidelberg, Germany

www.ingramcontent.com/pod-product-compliance
Ingram Content Group UK Ltd.
Pitfield, Milton Keynes, MK11 3LW, UK
UKHW061658190726
13853UKWH00008B/2273

* 9 7 8 3 6 6 3 0 6 4 9 0 9 *